輕鬆訪日31個基地&博物館旅行攻略

Japan Military Bases and Museums Amazing Tour

軍事迷第一本遊日指南！

整理 31 個日本熱門、
秘境等級軍事基地與博物館的參訪資訊與歷史，
讓你一秒變專家，不用再花時間收集資訊，
一本攻略讓你輕鬆暢遊日本軍事景點

張詠翔 著

讓老司機帶你走入日本的基地去旅行

燎原出版主編——查理

　　作為國內專注在軍事題材的出版社，燎原出版在軍事領域當中尋找合適書本的努力始終沒有停止過。除了大家常看到的戰史之外，一些輕鬆話題的作品，我們也不會放過。

　　日本是絕大部分臺灣民眾出遊的選擇，除了好吃好玩，還有什麼是不可錯過的玩法呢？如果出版一本以軍事旅遊行程為主的內容，讀者會感興趣嗎？

　　查理每一次到日本，都一定會安排至少一個軍事相關的行程，原因無他，因為日本這一類的景點非常多。光是首都圈，大大小小的各種景點、基地、廣報館、博物館，一次的旅程都安排不完（總不能都只顧著自己玩嘛）！甚至還曾經快閃大阪，只為了可以登上隔天在當地開放參觀的加賀號直升機護衛艦。

　　過去的出行經驗，多次讓我體驗到日本自衛隊在辦理基地開放的用心，從各個博物館的規劃經營，感受到他們對於歷史的在意與執著。這麼棒的景點與行程安排，若非自由行是不會有機會達成的。然而，每次出遊就必須多方打聽，花時間做功課，同時也要為同行的家人預做其他安排，可謂勞心又勞力。雖然玩起來很開心，但需要投入許多心思與時間。

　　因此，當規劃要出版軍事旅遊主題的攻略指南，首選就必定是日本。

　　張詠翔是大家熟悉的軍事書籍譯者，他不僅有專業的軍事知識，而且有豐富的日本軍事主題旅遊的經驗，由他來帶領各位到處攻略，想必一定會省去許多做功課的麻煩和時間。安心交給他引導你想去的景點，相信會是愉快又滿載而歸的旅程。

　　那麼還等什麼呢，開始出發吧！

艦首風上！

How To Use 本書實用攻略教學

　　自助旅行規劃首重資訊蒐集，不論是展覽場館或是基地開放，第一確認參觀時間日期，第二掌握交通路線，而這些詳情通常都會在官方網站上清楚記載。本書內容主要針對各地點、活動的特色與歷史背景作介紹，交通資訊僅作簡要補充，因此會隨處附上相關網站或地圖的連結 QR 碼，以智慧型手機讀取即可迅速瀏覽。

　　就筆者走遍各地的經驗而言，即便事前經過縝密規劃，一旦進入實行階段，難免會遇到一些無法預測的狀況，有如普魯士軍事理論家克勞塞維茨所提出的「戰場迷霧」與「摩擦」概念，考驗當下的臨機應變能力。有鑑於此，如何有效掌握即時資訊，迅速完成「觀察」→「判斷」→「決心」→「實行」的「OODA 迴圈」，便是闖蕩天涯的重要技能。

　　有賴當今科技之賜，數位地圖服務的功能日益進化，點到點的建議路線只要戳戳手機就能一目了然，列車、公車時刻也會即時顯示，大幅減輕交通規劃上的負擔。除此之外，網頁瀏覽器的自動翻譯功能也降低了語言門檻，看不懂外語已不再是難以突破的障壁。這樣一來，旅遊導覽書籍的存在形式，就勢必得要面臨挑戰。

　　本書目的在於提供造訪各地點、活動的心得，讓讀者能夠概觀理解，並產生前往一探的動機。若決定起身而行、親歷現場，則可透過本書附上網站連結有效掌握相關資訊。如同「任務式指揮」的精神，建立旅遊目標與意圖之後，細節實施便交由各位勇者發揮實力挑戰。

　　雖然書中所附網站連結盡量以正體中文為主，但像是自衛隊官方網站等畢竟不是為旅遊而服務，只有提供日文。以下列出幾個關鍵字中日文對照，方便讀者瀏覽資訊時可以快速掌握。

イベント	→活動	無料	→免費
アクセス	→交通方式	有料	→收費
バス	→巴士、公車	料金	→費用
シャトルバス	→接駁車	日月火水木金土	→依序為週日～週六
タクシー	→計程車	土休日	→週六、日與國定假日

Web

實戰演練：左方 QR 碼為防衛省・自衛隊網站的交流活動頁面，表列近期陸、海、空自衛隊即將舉辦的各種活動，並有詳細資訊與主辦單位的網站連結，可以試試身手。

作者序

日本一直是臺灣人出國旅遊的首選之一，不僅距離較近、整潔安全，貼心的服務以及都會區便捷的大眾交通系統，也十足降低自助旅行門檻。為了推展觀光，各主要交通線以及景點、購物中心通常都備有中、英、韓文說明，中文甚至還會區分正體與簡體，以表達對不同地區旅客的重視。即便只有日文，各種以漢字為主的標識也不至於令人完全摸不著頭緒，因此就算不諳日語，也能按圖索驥順利達陣。

前往日本旅遊，可以有很多種主題；不論是欣賞四季美景、探尋歷史文化、享受溫泉療癒、暢遊主題樂園，乃至大肆購物血拼，各旅遊業者以及坊間書籍皆有妥善規劃與詳盡介紹。除此之外，當今網路資源也相當豐富，想自行安排行程並非特別困難，熟門熟路的人甚至達到說走就走的境界。然而，有一種訪日主題卻是旅行社不會特別眷顧，以往旅遊書籍也沒有特別著重，那就是「軍事主題行程」。

對於軍事愛好者來說，日本著實有著許多相當吸引人的旅遊要點；包括各種博物館、自衛隊廣報館（公關展示中心）、軍港設施、基地開放等，都能讓人充實知識，一飽眼福。不論是喜歡研究歷史還是想一探自衛隊裝備，甚至是接觸駐日美軍，皆有機會滿足願望。然而，相關資訊雖然也曾散見於軍事雜誌報導，但仍缺乏統整介紹，依然得自力蒐集情資，且難以宏觀全貌。

筆者旅居日本十餘年，曾四處走訪軍事相關博物館、紀念館，以及參觀多場美、日基地開放活動，並在國內各軍事雜誌上發表過數篇介紹。時至今日，累積參訪經驗已足以彙集成冊，承蒙燎原出版社主編查理兄邀約，將其統整為此書，供愛好軍事的讀者規劃訪日行程時作為參考。

本書收錄內容皆為一般民眾可以透過大眾運輸工具造訪的地點與活動，以海、陸、空、歷史為順序，囊括軍港探訪、各種駐屯地（陸上自衛隊營區）、航空基地開放，以及博物館、紀念館介紹。其中參訪固定設施可依開館時間規劃行程，而基地開放期程雖然歷年大致相仿，但詳細資訊仍須隨時透過網路留意官方公告，比較具有挑戰性。

日本在軍事方面的國情與臺灣很不相同，由於戰後沒有兵役制度，一般民眾大多對國防事務十分疏遠。自衛隊為了招募人才，必須費盡心力舉辦各種公關活動，讓民眾了解自衛隊的裝備以及存在意義。雖然也有為數不少的航空迷、船艦迷、戰鬥車輛迷，但與其他嗜好相比仍屬小眾。近年來有賴相關題材影視、遊戲作品加持，使得關注軍事事務的族群頗有新血加入，不僅自衛隊順水推舟將其納入公關素材，相關景點的觀光事業也因此獲得發展，產生「聖地巡禮」功效。關於此方面，本書也會稍加提點，讓透過各種創作接觸軍事領域的讀者列為參考，增添旅遊樂趣。

自東京灣渡輪上拍攝的美國海軍隆納‧雷根號航空母艦與海上自衛隊大鯨號潛艦交錯通過，宛若《沉默的艦隊》作品中的一景。

目 錄

海軍今昔 四鎮守府　10

陸戰雄獅　空挺精銳　54

藍天展翅　鐵翼凌空　78

Contents

全書地圖

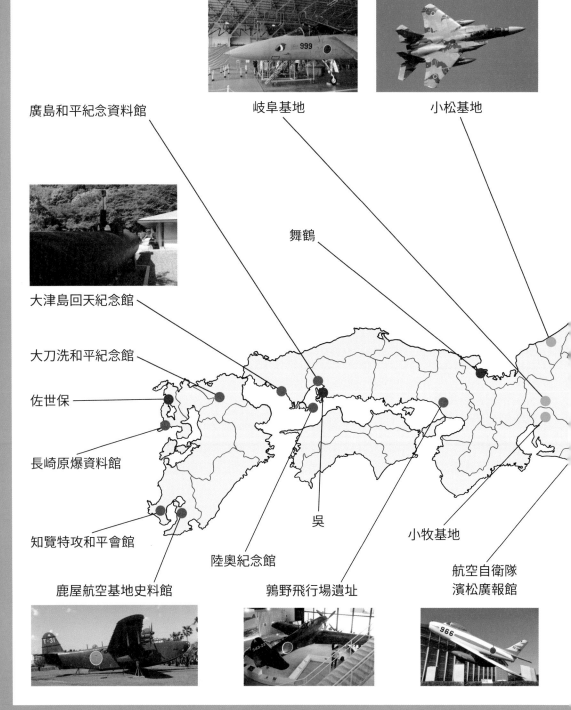

岐阜基地

小松基地

廣島和平紀念資料館

舞鶴

大津島回天紀念館

大刀洗和平紀念館

佐世保

長崎原爆資料館

知覽特攻和平會館

陸奧紀念館

吳

小牧基地

鹿屋航空基地史料館

鶉野飛行場遺址

航空自衛隊
濱松廣報館

聖博物館

第7師團
東千歲駐屯地

所澤
航空發祥紀念館

三澤基地

松島基地

筑波海軍航空隊紀念館

百里基地

土浦武器學校

預科練和平紀念館

下志津高射學校

習志野第1空挺團

朝霞陸上自衛隊廣報中心

靖國神社

橫須賀

河口湖飛行館

駒門機甲教導連隊

四面環海的日本，歷經長期鎖國，在 19 世紀中葉面臨歐美列強叩關，因而掀起近代化浪潮，邁向改革開國之路。在此同時，加強海防與建設新式海軍，成為軍備近代化的要務之一。明治維新後，在富國強兵政策推動下，帝國海軍的建設腳步日益邁進。

堅利的鐵甲艨艟在甲午戰爭、日俄戰爭的海戰取得關鍵勝利，使大日本帝國得以躋身列強，於亞洲崛起。然而，隨著帝國不斷擴張，終究與歐美利益產生衝突，進而在太平洋上點燃戰火。盛極一時的帝國海軍，從橫掃大洋到關鍵逆轉，終至檣櫓灰飛煙滅，畫下一個時代句點。

大戰之後，冷戰興起，進駐日本的美國海軍，成為防堵共產勢力擴張的西太平洋海上長城。隨著韓戰爆發，為了填補駐日美軍前往朝鮮半島作戰的防衛空缺，一度完全解除武裝的日本，又再次於美國協助下重整軍備，催生陸、海、空自衛隊，實行最低限度的自我防衛。

不同於出自警察系統的陸上自衛隊與完全新創的航空自衛隊，海上自衛隊可說是帝國海軍的正統後繼者；不僅沿用以前的港灣基地等硬體設施，在許多傳統、文化上也都傳承帝國海軍。

冷戰結束後，美日海上力量依舊保持緊密合作，除了保衛日本之外，近年也在維持區域穩定、貢獻國際社會上多有著力。在實

兩艘「出雲級」直升機護衛艦同時入鏡的難得畫面，其尺寸足以匹敵往昔機動部隊的航空母艦。

踐「自由開放的印度—太平洋地區」戰略下，一旦臺海有事，這支強大武裝力量勢必也會扮演舉足輕重的角色。

若想一窺這支鎮守東洋的海上武力，可造訪橫須賀、吳、佐世保、舞鶴這四大軍港城市，它們都是過去帝國海軍設置「鎮守府」的重要根據地，如今也是美國海軍與日本海自的主要基地。

所謂鎮守府，是負責日本周邊海域各海軍區防務的單位，根據地除了軍港碼頭、水道之外，還有能夠造修艦艇與兵器的海軍工廠，以及海軍醫院、海兵團（新兵訓練中心）等設施。鎮守府除了負責所轄艦艇的指揮、補給、出動準備工作，也肩負兵員徵募、訓練，以及行政運作、監管等任務，司令長官為大將、中將編階。被挑選作為鎮守府的四座城市，原本都只是清寒的小型農漁村，但因周圍有群山峻嶺包圍、灣口不易入侵、灣內面積與水深足以容納艦艇自在航行、停泊，具備良好軍港所需的地勢條件，遂在明治時代投入當時最新技術與巨額經費，迅速展開大規模建設。除了港埠與工廠，建設項目也包括聯外鐵公路、供水設施等，不僅滿足造船工業與運補需求，也連帶完備市鎮發展的基礎條件，使人口陸續增加，形成軍港城市。

有鑑於這樣的歷史發展脈絡，作為日本近代化發展的見證，這四座城市的鎮守府相關設施於 2016 年 4 月被認定為「日本遺產」，成為吸引觀光的資源。

四鎮守府
歷史巡禮指南
（中文）

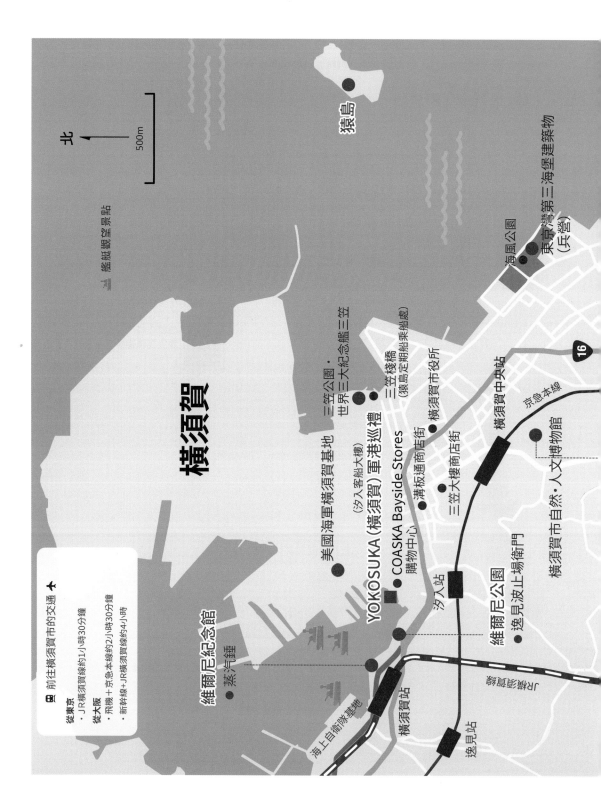

横須賀

猿島

艦艇觀望景點

北

500m

維爾尼紀念館
蒸汽鎚

美國海軍橫須賀基地

YOKOSUKA（橫須賀）軍港巡禮

COASKA Bayside Stores
購物中心

三笠公園・
世界三大紀念艦三笠

三笠棧橋
（猿島定期船乘船處）

溝板通商店街

橫須賀市役所

三笠大樓商店街

橫須賀中央站

海風公園

東京灣第三海堡建築物
（兵營）

汐入站

維爾尼公園

逸見波止場衛門

京急本線

橫須賀市自然・人文博物館

16

海上自衛隊基地

橫須賀站

逸見站

JR横須賀線

□ 前往橫須賀市的交通 ★

從東京
・JR橫須賀線約1小時30分鐘

從大阪
・飛機＋京急本線約2小時30分鐘
・新幹線＋JR橫須賀線約4小時

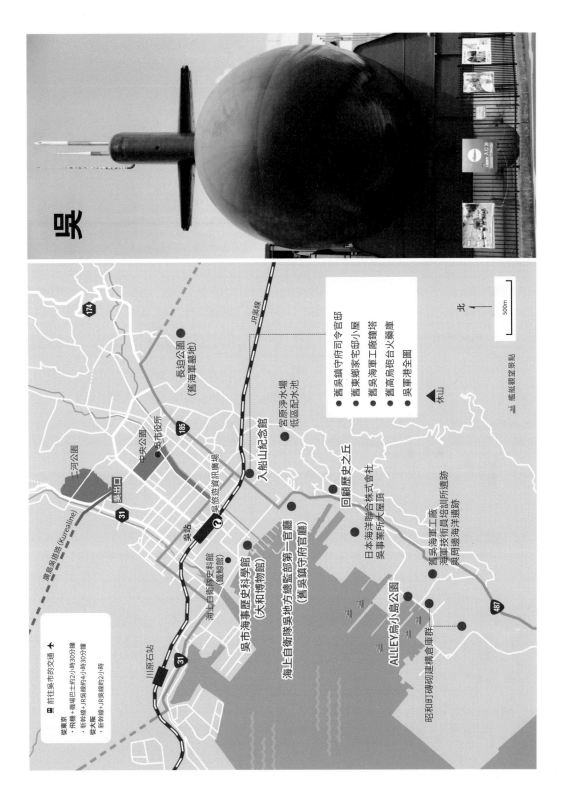

佐世保

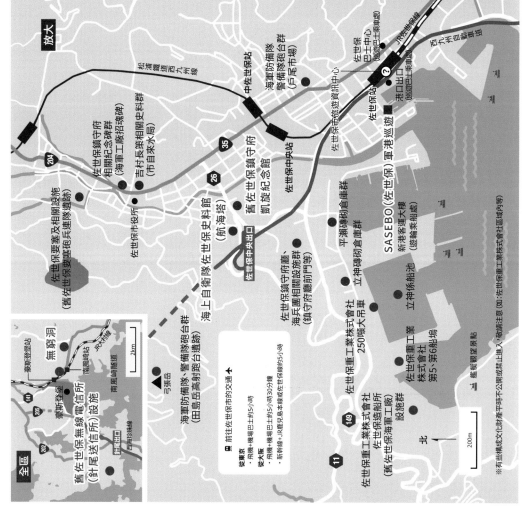

放大

松浦鐵道西九州線

中佐世保站

佐世保鎮守府相關紀念碑群

吉村長藏相關史料群（市自來水局）

海軍防備隊・警備隊砲台群（戶尾市場）

204

佐世保市役所

佐世保要塞及相關設施（舊佐世保要塞砲兵連隊兵遺跡）

35

佐世保中央站

舊佐世保鎮守府凱旋紀念館

26

佐世保中央出口

海上自衛隊「佐世保史料館（航海塔）

佐世保鎮守府廳、海兵團相關設施群（鎮守府廳前門等）

佐世保市觀光旅遊資訊中心

佐世保站

港口出口（觀光巴士乘車處）

JR佐世保線

西九州自動車道

佐世保巴士中心（觀光巴士乘車處）

2

SASEBO（佐世保）軍港巡遊

新港客運大樓（遊輪乘船處）

平瀨磚砌倉庫群

立神磚砌倉庫群

立神係船池

佐世保重工業株式會社 250噸大吊車

佐世保重工業株式會社 第5、第6船場

佐世保重工業株式會社 佐世保造船所（舊佐世保海軍工廠）設施群

11

149

▲ 弓張岳

海軍防備隊・警備隊砲台合群（田島岳高射跑台遺跡）

全區

202

針尾口

西海珍珠線

舊佐世保送信所（針尾送信所）設施

206

141

豪斯登堡

豪斯登堡站

南鳳崎站

無窮洞

JR大村線

南鳳崎隧道

2km

▲ 弓張岳

△ 艦艇眺望景點

前往佐世保市的交通

從東京
・飛機＋機場巴士約5小時

從大阪
・飛機＋機場巴士約5小時30分鐘
・新幹線＋JR豪斯島本線或在佐世保線約5小時

北

200m

※各世界構成文化財產於平時不公開或禁止進入、敬請注意（如入佐世保重工業株式會社區域內等）

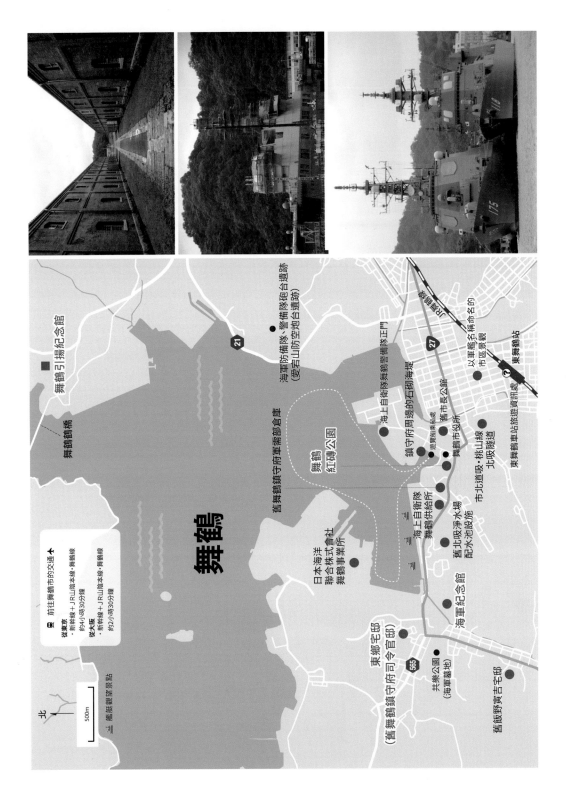

舞鶴

北

500m

艦艇觀望景點

舞鶴鶴橋

舞鶴引揚紀念館

21

海軍防備隊、警備隊砲台遺跡
(愛宕山防空砲台遺跡)

27

3

東舞鶴站

以軍艦名稱命名的
市區景觀

東舞鶴車站旅遊資訊處

北吸隧道

市北道吸水場、桃山線
舊北吸淨水場
配水池設施

舊舞鶴鎮守府軍需部倉庫

舞鶴
紅磚公園

海上自衛隊舞鶴警備隊正門

海上自衛隊用邊的石砌海堤

鎮守府周邊的石砌海堤

遊覽船乘船處

舊鎮遊覽船碼頭

舊鎮守府

舞鶴市長官邸

舞鶴市役所

海上自衛隊
舞鶴供給所

日本海洋株式會社
舞鶴事業所

海軍紀念館

東鄉宅邸
(舊舞鶴鎮守府司令官邸)

565

共樂公園
(海軍墓地)

舊飯野貞吉宅邸

前往舞鶴市的交通

從東京
・新幹線＋ JR山陰本線・舞鶴線
　約4小時30分鐘

從大阪
・新幹線＋ JR山陰本線・舞鶴線
　約2小時30分鐘

橫須賀 YOKOSUKA
美軍第 7 艦隊母港

近年來，新聞常可聽到「美國軍艦通過臺灣海峽，國軍全程掌握周邊海、空域相關動態，狀況均正常」的敘述。這些穿梭臺海的美軍艦船，其實並非從美國本土遠道而來，多半是出發自日本的橫須賀基地。想要一窺她們的廬山真面目，走一趟橫須賀軍港，保證不虛此行，甚至還有機會看到坐鎮於此的超級航空母艦！

美國海軍　# 海上自衛隊　# 帝國海軍　# 海軍咖哩　# 軍品尋寶

周邊概要

橫須賀市位於神奈川縣的三浦半島上，扼制東京灣入口，因而被建設為海軍要地。從東京都內前往橫須賀，可以選擇搭乘 JR 橫須賀線或京急電鐵，約莫 1 個多小時即可抵達。若乘坐 JR 線，在列車將要抵達橫須賀站時，向左一望即可窺見停泊於海上自衛隊碼頭的護衛艦，瞬間令人熱血沸騰。

↑橫須賀鐵路線於 1889 年為聯絡軍港而開通，目前的 JR 橫須賀站建築物完成於 1940 年。入口處可看到為推廣橫須賀海軍咖哩而創的海鷗吉祥物角色「斯咖哩」。

斯咖哩

←戰艦「陸奧」的 45 倍徑 41 公分主砲砲管（來自最後端的 4 號砲塔）與穿甲彈。左側建築是維爾尼紀念館，右側遠處則是海上自衛隊橫須賀地方總監部。

→可俯瞰海自港區的制高點，出了 JR 橫須賀站後往右穿越平交道，然後左轉通過「新橫須賀隧道」後回頭爬階梯上山坡（一國坂）即可抵達。圖為靠岸中的訪日義大利軍艦。

出了 JR 橫須賀站往左走，即可來到緊鄰海邊的維爾尼公園，美日艦艇及港灣設施盡收眼底，若在港艦船較多，景象將會相當壯觀。此公園為紀念法國工程師萊昂斯·維爾尼（Léonce Verny）而命名，他於幕末時期應聘在此建設橫須賀製鐵所，開啟海軍造船工業的序幕。關於這段歷史，公園入口左側的維爾尼紀念館中有詳盡介紹，館內除了陳展一具當年使用的蒸氣鍛造機，還有戰艦「陸奧」的 1/100 大比例模型，相當值得一看。

維爾尼紀念館正前方，陳列著一根戰艦「陸奧」的主砲砲管以及砲彈。這根巨大的砲管打撈自太平洋戰爭時爆炸沉沒於瀨戶內海的「陸奧」殘骸，長年展示於東京的「船之科學館」，

後來移至此處。由於「陸奧」是由橫須賀海軍工廠建造，因此算是落葉歸根。說明牌有簡要圖解砲管製造工序以及砲彈穿甲原理，規劃相當用心。

維爾尼公園的左側是海上自衛隊橫須賀地方總監部的設施，最靠近公園的碼頭稱為逸見岸壁，是為停靠海自最大型的「出雲級」直升機護衛艦而修建，「出雲」若有在港即會停泊於此，構成海自最雄偉的當家門面。

停泊於海自逸見岸壁的直升機護衛艦「出雲」，可說是海自在橫須賀的當家之主，艦容非常有魄力。未來完成供 F-35B 起降的第二階段改造後，艦艏形狀將會擴大成方角形。

海自的潛艦在服役後不久即會將帆罩上的舷號與漆在舷部的艦名抹除，以隱匿各艦行蹤。另外，潛艦的水密艙門在打開後也一定會套上罩子，防止艙門結構暴露潛深性能，注重的保密面向相對而言比較務實。

↑停泊於美軍基地碼頭的海自潛艦，從維爾尼公園即可眺望。圖中4艘並排停泊的盛況較為罕見，由2艘「親潮級」夾著2艘「蒼龍級」，後方還可看見另外2艘「親潮級」。

←位於維爾尼公園內的海軍紀念碑，兩旁分別為戰後建立的軍艦「山城」與軍艦「長門」碑，中間則是1937年仿「高雄級」重巡洋艦艦橋造形建立的「國威顯彰記念塔」，基座上的碑文戰後已遭移除，可感受時代的變遷。

海軍今昔 四鎮守府

　　沿著公園往對面看去，便是現今美軍橫須賀基地的範圍，該處過去乃是帝國海軍橫須賀鎮守府廳舍與工廠設施所在地，許多歷史悠久的船塢至今仍在使用。這裡最常看到的艦船便是美軍的「阿利‧伯克級」飛彈驅逐艦，以及正逐步汰除的「提康德羅加級」飛彈巡洋艦。這些神盾艦不僅是第7艦隊航艦打擊群的帶刀護衛，同時也正是往來臺灣周邊海域的要角。

　　公園可見的美軍基地碼頭，最吸引目光的其實是停泊於此的海上自衛隊潛艦；由於海自

→維爾尼公園過去屬於軍區範圍，供海軍官兵上岸的逸見碼頭出入口崗哨亭逸見波止場衛門至今仍保留。前方是停泊於美軍碼頭的海自潛艦「鬥龍」，她是「蒼龍級」的最終艦，以鋰電池取代AIP推進系統，攝於剛服役時期，帆罩上的艦號與舷部艦名尚未抹除。

←過去的橫須賀海軍工廠共有 6 座船塢，最大的 6 號塢用以建造「大和級」的「信濃」。圖為 3 號船塢，1874 年以石材建成，與其他歷史船塢至今仍為美、日兩國使用。

的第 2 潛水隊群司令部位於該處，因此通常都有潛艦停泊。相較於我國海軍會將潛艦深藏於左營軍區內的水星碼頭，如此大方將機敏性質較高的潛艦擺在公園對面任人觀看，十足可以感受國情差異。

美軍基地的範圍相當廣闊，專供航空母艦停泊的第 12 號泊位則在比較深處，從公園眺望只能隱約看到艦島與桅杆。若想近距離感受超級航空母艦的巨大魄力，則可搭乘軍港遊船，遍覽各個港區的美日艦艇。

軍港遊船　船票：假日 ¥2000，平日 ¥1800

順著維爾尼公園的木甲板一直向前走，就會來到一座購物商場，這裡吃喝玩樂應有盡有，常可看到美軍或海自休假人員出沒，而橫須賀軍港遊船的售票中心兼紀念品店便在此商場的 2 樓。如在行程安排上想要先搭遊港船，則可搭乘京急電鐵在汐入站下車，距離商場比較近。

橫須賀的軍港遊船平日自上午 11 點至下午 3 點每小時有 1 個班次，週末及日本國定假日加開上午 10 點班次，每趟航程約為 45 分鐘。遊

安針台公園是能俯瞰橫須賀基地的另一個制高點，可搭乘京急電鐵在安針塚站下車，自唯一出口向右走到超市旁邊搭乘電梯上到山坡頂，然後再往左走即可抵達。此處可俯瞰橫須賀本港、美軍航空母艦泊位以及進出港航道。

Map
安針台公園
前往路線

←電梯

公園

有柵欄

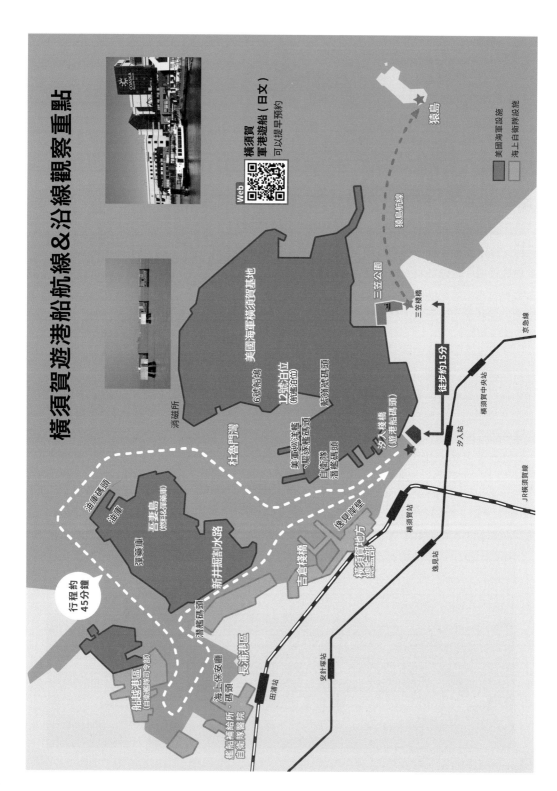

橫須賀遊港船航線&沿線觀察重點

Web 橫須賀軍港遊船（日文）
可以提早預約

猿島
猿島航線

三笠公園
三笠棧橋

美國海軍橫須賀基地

6號船塢
12號台位（航空母艦停泊）
藍嶺號碼頭

美軍巡洋艦
驅逐艦碼頭
自衛隊
潛艦碼頭

汐入棧橋（遊港船碼頭）

消磁所
杜魚門灣

行程約45分鐘

油庫碼頭
油庫
彈藥庫
吾妻島（燃料&彈藥庫）
新井堀割水路
潛艦碼頭

逸見岸壁

吉倉棧橋
橫須賀地方總監部

船越港區（自衛艦隊司令部）
海上保安廳碼頭
長浦港區
艦船補給所·自衛隊醫院

京急線

橫須賀中央站
汐入站
徒步約15分

橫須賀站
逸見站

田浦站
安針塚站

JR橫須賀線

美國海軍設施
海上自衛隊設施

20

←即將陸續除役的「提康德羅加級」飛彈巡洋艦，左為「夏洛號」，該艦已於 2023 年 9 月調回夏威夷珍珠港，右為 2023 年更名「羅伯特・斯莫爾斯號」的「錢斯勒斯維爾號」。

港船自商場旁邊的汐入棧橋搭乘，甲板分為上下兩層，下層座位可遮風避雨，並有大型螢幕顯示目前船位以及水深等航行資訊，解說方式各具風格的導覽員也會一路介紹當日亮點。若想隨心所欲拍攝艦船，則可於上層甲板尾端占位，方便左右開弓自由取景。

遊港船離開碼頭後，首先會沿美軍基地前進，導覽員此時多半會開玩笑說萬一不慎落水，記得要往左邊游，不然就得備妥護照才能在美軍基地上岸。經過海自潛艦時，梯口人員多半

會向乘客揮手，呈現一片親民祥和。駛過許多「阿利・伯克級」後，便會逐漸靠近航空母艦用的第 12 號泊位。由於橫須賀是美軍在本國以外唯一有能力對航艦進行整補維修的母港基地，因此除了第 7 艦隊的當家航艦之外，來到附近參與演訓的其他航艦有時也會靠泊。近幾年包括「卡爾・文森號」、「亞伯拉罕・林肯號」，甚至是遠道而來訪問亞洲的英國皇家海軍「伊莉莎白女王號」，都曾在此留下蹤跡。另外，老驥伏櫪的「藍嶺號」則是美軍僅存兩艘的兩

美軍基地的第 12 號泊位可供航空母艦等大型艦船靠泊，搭乘軍港遊船可近距離觀賞。圖為演訓期間臨時靠泊的「亞伯拉罕・林肯號」航艦，甲板上停滿艦載機，是難得一見的景象。碼頭上的 2 具大型起重機分別以相撲力士等級命名，左為「橫綱」，右為「大關」。

棲指揮艦之一，如果幸運的話，也有機會在專屬泊位見到這艘第七艦隊司令座艦的廬山真面目。

看完宛若海上浮城的航空母艦，遊港船會加速往港外駛出，此時可看見右手邊的海面上有許多白色方塊狀構造物，這是僅在橫須賀才有的消磁站，用以消除艦船航海時產生的磁性，以免觸發水雷。

眼前港外的浦賀水道是各種船隻進出東京灣的繁忙水路，超過一定噸位的船舶在進出水道前，必須通報海上保安廳的「東京灣海上交通中心」，72 小時內的預訂列表會在網站上公布。由於海自的「出雲級」直升機護衛艦及美軍的航空母艦等大型艦船屬於列管尺寸，因此進出港動向可由此表預先知曉。

遊港船向左轉舵繞往吾妻島，駛向海上自衛隊的船越地區（長浦港）。吾妻島從明治時代便是帝國海軍的油料庫與彈藥庫，整個山體內部挖空作為儲藏空間，目前為美日共用的油庫設施。

船越地區是海上自衛隊的專用區域，近年新落成的海上作戰中心大樓坐落於此，自衛艦隊司令部及其麾下護衛艦隊、潛水艦隊、掃海隊群、海洋業務／反潛支援群、艦隊情報群的司令部皆集中在此建築內，是海自的作戰指揮中樞。此處碼頭除了固定停泊掃海艦艇外，也常能見到各型海自艦船。

↑位於海上自衛隊船越地區的海上作戰中心大樓，是海自的作戰指揮中樞。停泊於長浦港碼頭左側的是「菅島級」掃雷艇「青島」，船體為木製，右側則是首次採用 FRP 材質船體的「江之島級」掃雷艇「江之島」。

遊港船在長浦港內繞一圈後，會經由明治時代以手工挖成的新井掘割水路回到橫須賀本港。在水路入口處的右側，可以看到近年新完工的潛艦碼頭以及彈藥庫等設施，這是為了因應海自將現役潛艦增加至 22 艘體制而造，可容納多艘潛艦停泊，並且進行魚雷裝填等整補作業。

回到本港後，便能近距離端詳停泊於吉倉護衛艦棧橋的各型海自艦船。由於橫須賀是作戰指揮中樞所在地，因此除了以此為母港的第 1 護衛隊、第 6 護衛隊、第 11 護衛隊所屬艦船外，其他部隊艦船也常造訪，每次都能看到不同樣

←位於長浦港區新井掘割水路旁的潛艦碼頭，可容納多艘潛艦停泊。圖中可見 1 艘「親潮級」（最左側）與 3 艘「蒼龍級」，冒出白煙的潛艦正啟動柴油主機為電瓶充電。

↑位於橫須賀本港的海上自衛隊吉倉護衛艦棧橋，右起為神盾飛彈護衛艦「摩耶」、通用護衛艦「高波」、「雷」，她們皆以橫須賀為母港。

貌。結束遊港航程時，記得看一下票根上的數字，在售票中心會公布當航次的抽獎，末３碼若抽中即可兌換紀念品。若在航程途中巧遇美日船艦進出港，那就真是幸運中大獎，別忘了跟她們打招呼喔！

特色美食

橫須賀作為美日同盟的關鍵要港，餐飲也頗具特色；除了家喻戶曉的日本海軍／海自咖哩，還有代表美軍文化的漢堡，以及象徵美日友好的起司蛋糕。

說起橫須賀的特色美食，最具代表性的就是知名的海軍咖哩。明治時代，為了改善腳氣病，帝國海軍開始引進營養較為均衡的西洋食譜，而咖哩飯便是其中之一。時至今日，海軍／海自的咖哩飯已形成一種特色料理，並且成為公關宣傳題材。各艦伙房都有獨家咖哩秘方，不僅有廠商製成調理包推出商品，甚至還曾舉辦咖哩評比大賽；來自各護衛隊的神盾艦齊聚橫須賀，就是為了一決高下，看誰家的咖哩最美味！

為了推動地方商圈發展，橫須賀市看準這項特色，賦予依據帝國海軍最早記載咖哩製法的食譜文獻《海軍割烹術參考書》烹調咖哩的店家認證，藉此形成觀光資源。傳統式的「橫須賀海軍咖哩」原則上會以咖哩飯搭配生菜沙拉及牛奶構成套餐，雖然不像海自各艦咖哩那樣變化多端，但仍呈現最經典的好滋味。

←↑橫須賀的特色美食以海軍咖哩飯為主軸，另也包括美式漢堡和起司蛋糕。除了有海自風格裝潢的店家之外，甚至還能找到一口氣湊齊所有品項的套餐。

除了咖哩飯之外，受到美軍文化的影響，橫須賀也有許多美式漢堡店以及酒吧，白天晚上呈現不同風情。從汐入站可以順著溝板通商店街、三笠大樓商店街走向橫須賀中央站，沿途有許多特色餐廳、紀念品店、軍品店等，可慢慢在此閒逛挖寶。

→自京急電鐵汐入站通往橫須賀中央站的商店街有許多特色商店，像這家 FUJI 軍品店就可以買到很多美軍公發軍品。

←刺繡夾克「絲卡將」（也稱橫須賀外套）是為提供給駐日美軍當作伴手禮而發展出的商品，融合東洋及西洋特徵，形成一種流行風格。

→這間橫須賀 SOUVENIR & CAFE 的 1 樓展售海軍、海自特色紀念品，2 樓則是特色咖啡廳，門口的「蒼龍級」潛艦造型頗為醒目。

←可以吃到具美軍特色漢堡的 TSUNAMI 。

↑ MILITARY SHOP YOKOSUKA 三笠本店，在此可買到自衛隊的特色臂章及各種軍風商品，三樓則有模型展示，可免費參觀。

← Diamond 商會主要販賣各種臂章，喜歡蒐藏的朋友可以來此挖寶。

「三笠」紀念艦高聳的前桅杆上升著代表決戰的 Z 旗，前方則有東鄉平八郎元帥銅像以及「皇國興廢在此一戰」標語，彰顯日俄戰爭打敗西方列強的精神。

三笠紀念艦 門票：¥600

　　來到橫須賀，還有一個必看景點，就是大名鼎鼎的三笠紀念艦。「三笠」是 1902 年由英國維克斯造船廠建造完成的「敷島級」戰艦 4 號艦，1905 年日俄戰爭時擔任聯合艦隊旗艦，由東鄉平八郎提督坐鎮指揮，帶領帝國海軍擊敗俄軍波羅的海艦隊，打贏日本海海戰。由於歷史意義非凡，因此 1925 年除役後決定當作紀念艦保存，以艦艏朝向皇居、艦體埋入地面的方式固定於現址。太平洋戰爭時期，杜立德的 B-25 機隊空襲東京時曾飛越「三笠」對橫須賀海軍工廠投彈，橫須賀軍港在戰爭末期也遭大規模空襲，但都沒有傷到「三笠」。戰爭結束後，蘇聯占領軍代表曾極力要求拆除「三笠」，後來在美國海軍司令部權衡下，才以移除甲板上的艦橋、大砲、煙囪、桅杆等構造物為條件，讓它得以保留。然而，此時的「三笠」卻顯得非常淒涼，民間業者甚至還在艦上蓋了水族館與舞廳，供

↑三笠紀念艦的售票亭，同時也是紀念品店。

↑三笠艦上甲板的紀念攝影看板，畫的是日本海海戰時東鄉提督與眾參謀在艦橋上指揮作戰的知名場景。

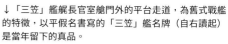

↓「三笠」艦艉長官室艙門外的平台走道，為舊式戰艦的特徵，以平假名書寫的「三笠」艦名牌（自右讀起）是當年留下的真品。

↑自「三笠」艦橋望向艦艏，遠方是橫須賀美軍基地。

←「三笠」舷側有許多不同口徑的副砲，呈現「前無畏級」戰艦的特色。有些副砲在復原時是取自當時送往日本解體的智利戰艦「拉托雷海軍上將號」。

↑「三笠」艦艉的聯合艦隊長官公室，是高級幹部召開作戰會議、接待外賓、舉行正式餐會的處所，使用的傢俱都是高級英國製品，旁邊還有1門47公厘速射砲。

←「三笠」的舵房，有舵輪與羅經，以及通往上方艦橋的傳聲管。

美軍作為娛樂場所，後來更是日漸荒廢。

1955 年，有位曾在「三笠」建造時與乘員交好的英國商人，將「三笠」的慘況投書報紙，引起莫大迴響。除了日本各界發起復原保存運動，就連景仰東鄉提督的尼米茲元帥也把自己著作的部分稿酬捐出，充當復原經費。獲得大筆捐款與國家預算之後，「三笠」終於得以重建各項艦上構造，甚至還有用到智利海軍除役英造戰艦的零件。

目前「三笠」紀念艦屬於防衛省行政財產，登記於海上自衛隊橫須賀地方總監部的「舊三笠艦保存所」，以防衛經費支應維護，並委託「三笠保存會」管理。除了「橫須賀教育隊」（新訓中心）的「一般曹候補生」（士官班隊）會安排三笠研修課程，海自隊員、美國海軍官兵有時也會義務前來進行維護。

「三笠」與英國的「勝利號」、美國的「憲法號」並列「世界三大紀念艦」，也是目前唯一現存的「前無畏級」戰艦。購票上艦後，除可參觀上甲板及艦橋等外部構造，中甲板也設置許多展示室，陳列模型、歷史解說看板、相關文物等，甚至還有頭戴式虛擬實境裝置重現日本海海戰場景。除此之外，艦尾的官廳、艦長室、長官室也十分別緻，可感受舊式戰艦特有氛圍。

距離「三笠」紀念艦最近的車站，是京急線的橫須賀中央站，另外也可從搭乘遊港船的購物商場沿國道 16 號線步行前往，途中會經過美軍橫須賀基地的大門，注意別對著哨所拍照，否則可能會被美日憲警盤查。

紀念艦旁邊則有前往猿島的渡船碼頭，僅10 分鐘航程即可抵達該無人島。島上有紅磚蓋成的要塞砲台、彈藥庫等遺跡，搭配鬱鬱蔥蔥的植被，呈現宛若吉卜力動畫電影《天空之城拉普達》的場景。若時間充裕，可安排前往一探。

↑自「三笠」紀念艦旁的碼頭可搭乘渡船前往猿島要塞，島上有紅磚建造的砲台遺跡，與無人島的自然景觀融合在一起。

↑猿島要塞的砲座遺跡，除了明治時代的對海大砲之外，二次大戰期間也曾在此架設防空砲。

交通指南

JR 橫須賀線：東京站→橫須賀站　　京急本線：品川站→汐入站、橫須賀中央站、安針塚站

Map 橫須賀周邊攻略地圖
作者私房推薦景點

Web 橫須賀市觀光資訊（中文）
廣域旅遊景點的全方位介紹

Web 三笠紀念艦（中文翻譯）

Web 橫須賀市建議行程（中文）
神奈川縣製作的建議行程安排

Web 橫須賀咖哩加盟店（日文）
可按圖索驥選擇中意店家

Web 浦賀水道進出船隻資訊（日文）
軍艦會寫「官船」

吳 KURE
帝國海軍史蹟尋蹤

#戰艦大和   #江田島
#潛艦   #海軍咖哩

動畫電影《謝謝你，在世界的角落找到我》描述女主角鈴在戰爭時期的日常生活，而作品的主要舞台吳市自古以來即是海軍重鎮。除了有建造戰艦「大和」的海軍工廠，培育眾多海軍軍官的「海軍兵學校」也位於鄰近的江田島。欲感受帝國海軍遺緒，花點時間探訪這座過去號稱東洋第一的軍港，必定能有滿滿收穫。

周邊概要

緊鄰瀨戶內海的吳市，位於廣島縣西南部，具備天然良港地形，14 世紀即有「村上水軍」以此作為活動據點。到了明治時代，帝國海軍在此建立吳鎮守府，下轄的吳海軍工廠設備先進、規模龐大，是海軍艦艇的主要建造中心。這些造船工廠目前仍由日本海洋聯合公司 (JMU) 使用，雖然已經不再製造軍艦，但當年修理戰艦「大和」的船塢依舊用來維護海自艦船。吳市與臺灣同為海防重鎮的基隆市於 2017 年締結為姊妹市。

自臺灣桃園國際機場 (TPE) 有華航班機直飛廣島機場 (HIJ)，廣島機場有巴士直達吳市。除此之外，也可同時安排廣島其他景點，由廣島車站搭乘 JR 吳線前往，吳車站的列車進站音樂採用的還是經典動畫《宇宙戰艦大和號》的主題曲。

吳港是海自「潛水教育隊」以及「第 1 潛水隊群」所在地，下轄潛艦比橫須賀還多。

↑自「回顧歷史之丘」可俯瞰建造「大和」的工廠，雖然廠內船塢已經填平，但廠房結構仍保留當年樣貌。

→轟立於該處的「噫戰艦大和塔」，以「大和」艦橋構造物與艦體剖面作為設計意象，並陳列戰艦「長門」(左)與「大和」的主砲穿甲彈。

吳市的幾個主要景點皆可徒步或搭乘公車抵達，在觀光資訊中心等處購買公車1日券相當方便。由於吳是海上自衛隊除橫須賀之外另一個潛艦母港，因此也能近距離看到許多潛艦靠泊碼頭。自JR吳車站前的3號公車站牌搭乘「吳倉橋島線」至「烏小島小徑」（アレイからすこじま）站牌，即可從公園看到成群靠泊於潛水艦棧橋的海自潛艦。

這條公車路線途中還會經過戰艦「大和」的建造工廠以及修理船塢，於「子規句碑前」站牌下車，即可來到回顧歷史之丘。此處有座「噫戰艦大和塔」，可以一邊俯瞰艦船修造廠區，一邊遙想當年聯合艦隊鋼鐵艨艟往來海面的情景。

過去吳鎮守府使用的廳舍建築，目前也由海自吳地方總監部繼承使用，徒步走回上一個站牌「總監部前」即可看見。這座以紅磚製成的洋式樓房相當美觀，不少戰爭電影都曾在此取景。每個月的第1、第3個星期日會舉辦廳舍建築以

→過去用來維修戰艦「大和」的船塢，目前仍為現役。圖中是正在進行大規模改裝的直升機護衛艦「加賀」。

交通指南

機場客運巴士：
廣島機場→吳車站前

JR吳線：
廣島站→吳站

Web 吳地域
觀光日記
（中文）

↑烏小島小徑公園的堤防一角，有座 1901 年設置的英國製魚雷裝卸用 15 噸起重機，歷經戰火卻未受摧殘，如今保留作為史蹟。

↑公園旁邊有一排舊海軍工廠紅磚倉庫，有幾間規劃為咖啡廳與紀念品商店。

及艦艇開放，但必須事先從吳地方隊網站透過電子郵件申請。若想近距離端詳吳基地內的海自艦船，也可選擇搭乘軍港遊船一探究竟。

軍港遊船　船票：¥1500

　　吳的軍港遊船售票處位於中央棧橋 1 樓，可在「中央棧橋」站牌下車，或由 JR 吳車站徒步前往，這裡也是搭乘渡船前往江田島等處的碼頭。遊港船週末假日自上午 10 點至下午 2 點每小時有 1 個班次，平日則無中午 12 點船班，每週二公休。除此之外，還有依照當天日落時間開航的夕陽班次，可從海上觀賞海自艦船的降旗典禮。

　　吳的遊港船最大特色，在於負責解說導覽的都是海自資深退伍人員，在 35 分鐘的航程中，會以深入淺出方式一路介紹包括艦船特色在內的各種海自小知識，非常值得一聽。吳港除了潛艦之外，還能看到種類繁多的自衛艦，包括當家之主「加賀」直升機護衛艦、尺寸同樣龐大的「大隅級」運輸艦、負責遠洋航海實習的「鹿島」訓練艦、神秘的雙體船「響級」音響測定艦等。然而，由於吳港位處內海深處，艦船進出較花時間，因此並無神盾艦定繫於此。

←吳地方總監部的古蹟建築以及泊港艦艇在特定假日可預約參觀。

Web

海上自衛隊
吳地方隊
（日文）

↑吳的軍港遊船售票處位於中央棧橋內，特色是由海自退員進行導覽，售票處也有販賣各種紀念品。

↗在吳港可以看到一些比較珍稀的海自艦船，例如機敏性較高的音響測定艦「響」，其蒐集的水下音響數據對潛艦／反潛作戰十分重要。

→從軍港遊船反覘潛艦碼頭與烏小島小徑公園，最左側紅磚倉庫的2樓是可以悠閒眺望潛艦的咖啡店。

Web

吳灣
艦船巡遊
（日文）

完成第一階段航艦化改裝的護衛艦「加賀」，她是吳的當家之主，艦艏前端已修改成方形，具備操作 F-35B 定翼艦載戰鬥機的能力。

大和博物館 門票：¥500

看完現役海自艦船，若想穿越時空實際感受戰艦「大和」威容，則可前往位於中央棧橋旁邊的大和博物館(吳市海事歷史科學館)參觀。該館的鎮館之寶是一艘1/10的戰艦「大和」精密模型，全長達到26.3公尺，十分壯觀。除了與「大和」有關的展示，館藏實物還包括一架「零式艦上戰鬥機六二型」、載人魚雷特攻兵器「回天十型」(試製型)、特殊潛航艇「海龍」(後期量產型)，以及各種魚雷、戰艦砲彈等，相當豐富。該館對於舊海軍歷史的保存與研究十分投注心力，已故昭和史寫作大師半藤一利、科幻漫畫大師松本零士都曾擔任榮譽館長。

除了海軍技術發展，「吳地區歷史」展區也有許多珍貴展品，重現戰爭期間生活，以及面臨空襲威脅的情景，讓人反思戰爭的悲哀，體會和平的可貴。3樓則有造船技術展覽室、航向未來展覽室，可供小朋友以實際體驗的方式學習海事相關知識。另外，除了從特定窗戶以及3樓平台可以平視觀看隔壁鐵鯨館的潛艦全貌，4樓也有展望台，包括JMU造船廠和吳警備隊碼頭皆一覽無遺，甚至還能遠眺江田島。

除了室內館藏，館外也有不少展品，包括陳列於門口的戰艦「陸奧」艦艉旗桿、主錨、主砲砲管、俥葉與舵，都是從海底殘骸打撈而來。靠海那側，還有按照「大和」前甲板實際尺寸形狀設計的大和碼頭，可以在此踱步遙想《男人們的大和》、《阿基米德大戰》等電影中慘烈的交戰場景。

1/10戰艦「大和」模型，非常有震撼力。

此區最新的展示物，是 2023 年 3 月落成的大型車床展示設施。這座德國製造的超大型車床「15299 機」，是當年在吳海軍工廠內用來車製「大和級」戰艦 46 公分主砲的工作母機，戰後轉交民間工廠繼續生產大型船用部件。近年面臨淘汰時，透過群眾募資保留，移至大和博物館旁展示，見證技術發展歷史。

↑陳展於大和博物館的零戰六二型，機腹中線掛載 500 公斤炸彈，實質上是特攻機。

 大和博物館（中文）

↑館外依實際尺寸設計而成的甲板碼頭，可感受戰艦「大和」的巨大。

↑各種口徑的艦用砲彈。

↑曾用來車製大和級戰艦主砲的超大型車床，是最近新增的展示品。

↑海上自衛隊的廣報設施「鐵鯨館」將退役潛艦「秋潮」整艘架起來展示，十足具有存在感。

海上自衛隊吳史料館

在大和博物館旁邊，可以看到一艘整個架在陸地上展示的海自潛艦「秋潮」，宛若漫畫《沉默的艦隊》場景再現，非常搶眼。這裡是海上自衛隊的廣報設施吳史料館，又稱「鐵鯨館」。相對於佐世保史料館以歷史發展作為主題、鹿屋基地史料館偏重航空相關展示，鐵鯨館的重點從名稱與外觀便已展露無遺。館內除了介紹海上自衛隊的歷史，還有掃雷與潛艦兩大主題展示，這正是海自為保持海上交通線暢通最重視的能力。

本館2樓為掃雷展區，除有陳展各式水雷，還將掃雷艇上的裝備搬入館內，並有詳盡說明。

3樓則是潛艦展區，以模型、實物展品介紹海自潛艦的發展歷程，以及各種相關知識。包括利用餐廳座椅下方存放食材、三層臥鋪住艙、浴廁等具有潛艦特色的生活空間，都有清楚呈現。參觀動線最後會通往「秋潮」艦內，可實際感受潛艦內部的狹窄，並細看指揮艙內的各項設備。雖然這款「夕潮級」潛艦是1980年代的產物，為海自4個世代前的艦型，但就年代而言仍與我國「劍龍級」潛艦相當，展示前有經過保密防諜處理。須注意若參觀人數較多，艦內會限制不得拍照錄影，並於入口貼上標示告知。

參觀完畢之後，也別忘了光顧1樓的JMSDF Café，除有每日數量限定的潛艦秋潮咖哩飯，還有一些海自相關紀念品可以選購。

←掃除水雷是海上自衛隊最注重的任務之一，「鐵鯨館」的2樓陳展許多相關裝備。

Web 海上自衛隊 吳史料館 （日文）

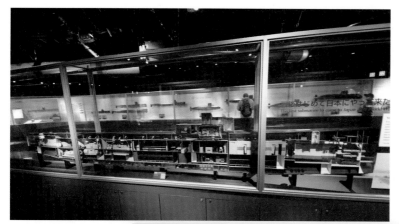

←「鐵鯨館」3樓陳展與潛艦有關的主題，可充分認識海上自衛隊的潛艦發展。

→重現潛艦內部充份利用狹窄生活空間的區域，寢室雖然也是三層床，但海自並不像美軍或我國海軍那樣採三人輪流睡兩床的「熱鋪」，而是每個人都有自己的床位。餐廳座椅內部則會用來收納馬鈴薯等蔬菜。

←「秋潮」艦內開放參觀，可一探神祕的近代潛艦內部特徵，此為操控潛舵與縱舵的駕駛座。

入船山紀念館　門票：¥250

　　看完眾多鋼鐵兵器，若想觀賞比較典雅的歷史古蹟，可前往位於 JR 吳車站東南方的「入船山紀念館」，緩和一下氣氛。此處是舊海軍吳鎮守府司令長官官邸，為國家重要文化財，由東側的洋館部與西側的和館部構成。洋館部採用英國風的半木骨構造樣式，館內接待室與司令長官辦公室的牆壁與天花板皆貼上罕見的「金唐紙」裝飾，展現明治時代的華麗氛圍。至於和館部則是司令長官與眷屬居所，相形之下較為樸素。

　　除了官邸建築，園區內還有一座以前設置在「吳海軍工廠造機設計部」屋頂上的鐘塔，以及石造建築「舊高烏砲台火藥庫」展示館、歷史民俗資料館、鄉土館等，陳展一些與海軍有關的文物與資料。另外，地上也有陳列兩根砲管，其中一根是「十年式 12 公分高角砲」，另一根則詳情不明。

↑←「入船山紀念館」以舊吳鎮守府司令長官官邸為核心構成，園區內有座以前海軍工廠使用的鐘塔，官邸則是英國風格洋館建築。

↑陳列於園區內的「十年式 12 公分高角砲」砲管，此砲多為重巡洋艦、海防艦使用，航空母艦「赤城」、「加賀」也曾配備。

→司令長官辦公室，牆壁以「金唐紙」裝飾，頗具典雅氣息。

Web　入船山紀念館
（中文）

舊海軍墓地

　　若是對帝國海軍艦艇歷史有些研究，想憑弔沉艦亡魂，可以造訪長迫公園舊海軍墓地。此片墓地建立於1890年，原本由吳鎮守府管理，用以埋葬陣亡／殉職的海軍軍人。戰後經歷一段荒廢期，於1971年移交吳市，整理成公園，園內共有157座個人碑及91座合祀碑。

　　墓地內最巨大顯眼的石碑，就是矗立於入口中央的「戰艦大和戰死者之碑」，合祀隨「大和」在沖繩特攻作戰陣亡的2,800人。除此之外，山坡上也分布其他以各艦、各部隊為單位的合祀碑，碑體設計各具特色。每年9月的「秋分之日」，「吳海軍墓地顯彰保存會」會舉辦共同追悼會，而在各艦的戰歿日期，也有遺族各自舉辦追悼儀式。

　　欲前往長迫公園，可自JR吳車站前9號公車站牌搭乘「長木長迫線 (右迴)」，於「長迫

↑舊海軍墓地「長迫公園」祀奉以「吳鎮守府」所屬艦為主的戰歿艦艇。

町」站牌下車。筆者10餘年前造訪時，公車司機還很驚訝居然會有人想要特地跑去那種地方。後來由於《艦隊 Collection》等遊戲掀起一股日本海軍研究風潮，舊海軍墓地的知名度如今已提高許多，甚至還把該站納入公車一日券路線範圍。但要注意此處仍屬祭祀場所，須保持基本肅穆態度。

↓海軍墓地中最顯眼的「戰艦大和戰死者之碑」。

↑「潛水艦戰歿者之碑」，旁邊設置潛望鏡作為象徵。

Web 長迫公園
舊海軍墓地
（中文）

→於淞滬會戰出名的軍艦「出雲」，戰爭末期在吳港當成訓練／警備艦使用，與戰艦「榛名」一起在吳港空襲時被美軍擊毀座沉於江田島附近海域，紀念碑位於小用港附近。

↑江田島的海軍兵學校是培育眾多海軍軍官的搖籃，目前仍為海上自衛隊幹部候補生學校使用。

海上自衛隊幹部候補生學校

最近在網路上流行的哏圖「好！很有精神！」來自描寫帝國海軍軍官養成教育的電影《啊！海軍》，該片的攝影場景便是位於江田島的海軍軍官搖籃「海軍兵學校」，這裡也是眾多提督的精神故鄉。

成立於 1876 年的海軍兵學校相當於海軍官校，「兵」指的是「兵科」，也就是作戰指揮官科的意思，與培育輪機軍官的「海軍機關學校」及培育主計軍官的「海軍經理學校」合稱「海軍三校」。當時欲考入海軍兵學校，成績必須非常優秀，使江田島與英國的「不列顛尼亞皇家海軍學院」、美國的「安納波利斯海軍官校」齊名。戰後，海軍兵學校的校地設施由海上自衛隊的「幹部候補生學校」與「第 1 術科學校」繼承使用，延續傳統精神培訓幹部自衛官，嚴格程度甚至讓校友戲稱其為「鬼島」。

欲前往江田島，可從吳中央棧橋搭乘渡輪至「小用港」，再轉乘公車於「術科學校前」下車，在規定時段參加導覽，進入校園參觀。關於開放參觀的日期與時段，會公布於第 1 術科學校網站，原則上平日有 3 場、假日有 4 場，不須事先預約，15 分鐘前在門口填寫資料即可參加。

↑「幹部候補生學校」大講堂，入學及畢業典禮皆在此舉行。

←陳列於江田島岸際的戰艦「陸奧」4 號砲塔，此為該艦 1935 年改裝時卸下，並非打撈自殘骸。

Web
海上自衛隊
第 1 術科學校
（日文）

導覽行程由資深海自退員帶隊，採集體方式行動。須注意此處是海自的教育機關，並非一般觀光區，要保持基本服裝儀容與莊重態度。行程開始前會在江田島俱樂部的集合處講解概要，之後依序參觀大講堂、主要校舍以及「教育參考館」。

「教育參考館」在漫畫《次元艦隊》中也有提及，是海自幹候生的精神教育場所，內部陳展許多海軍文物，但禁止攝影拍照。進入館內，首先須沿白色大理石階梯拾級而上，來到保存納爾遜、東鄉平八郎、山本五十六這 3 位提督遺髮的遺髮室前。其他令人印象深刻的展品，

則有戰艦「陸奧」的艦艇菊花紋章、中途島海戰時山口多聞提督隨空母「飛龍」共歿前交由參謀帶回的戰鬥帽等。

館外展品也相當豐富，包括參加珍珠港攻擊時遭擊沉，戰後由美國打撈送回的特殊潛航艇「甲標的」，以及特殊潛航艇「海龍」、各式戰艦砲彈、魚雷等。其中最不能錯過的，就是驅逐艦「雪風」的主錨；身經百戰的幸運艦「雪風」，戰後賠償給予我國，成為陽字第一號的「丹陽」旗艦鎮守臺海。後因艦體老舊遭颱風損毀除役解體，主錨與舵輪送返日本展示，以資紀念。

↑戰艦「金剛」或「榛名」於 1942 年 10 月 13 日對瓜達康納爾島韓德森機場進行夜間砲擊時發射的「36 公分一式穿甲彈」，自該島回收後陳展於江田島。

↑打撈自珍珠港的特殊潛航艇「甲標的」，當時艇內還留有陣亡人員遺物。

→一生傳奇的驅逐艦「雪風」，在我國結束「丹陽」生涯後，將主錨與舵輪贈還日本，陳展於此 (舵輪在館內)。

Web
吳海自咖哩總覽 (日文)
別忘了填飽肚子

佐世保 SASEBO
兩棲艦隊枕戈待旦

#兩棲突擊艦 #金剛 #伊勢 #JR最西端車站 #現做超級大漢堡

漫畫《沉默的艦隊》首卷，美日秘密合造的「海蝙蝠號」核子動力潛艦從佐世保出發，開啟一連串驚天動地航程。然而，日本的潛艦其實是在神戶工廠建造，佐世保基地也沒有潛艦部隊常駐。這裡有的是美國海軍的第7遠征打擊群，為兩棲突擊艦與船塢登陸艦的整補基地。

周邊概要

佐世保灣位於九州長崎縣北部，明治時代海軍勘查後認為它是日本最大天然良港，決定在此建立根據地，作為防衛西日本以及挺進中國、朝鮮等東亞地區的跳板。1889年，「佐世保鎮守府」正式開設，不僅將鐵路線延伸至此，也讓原本只是小漁村的佐世保發展升格為市。鎮守府下轄的佐世保海軍工廠建成後，帶起造船工業，建造許多海軍艦艇，多數設施仍由今日的佐世保重工繼承使用。

→佐世保是JR鐵路線位於日本最西端的車站。

→→車站內的佐世保觀光資訊中心，有各種導覽手冊，軍港遊船乘船券也在此販售。

交通指南

JR佐世保線：「綠號」特急列車，博多站→佐世保站

佐賀國際機場搭公車→JR佐賀站，轉乘佐世保線

Web 佐世保觀光資訊（中文）

←←佐世保港緊鄰 JR 佐世保車站，為民用碼頭，但有時海自的護衛艦也會在此舉辦開放活動。

←陳列於車站附近商場門口的海自護衛艦「朝雪」主錨。

　　二次大戰結束後，佐世保成為美國海軍與海上自衛隊的共用基地，海上保安廳的船隻也會在此進駐。第7艦隊的兩棲登陸部隊第7遠征打擊群以佐世保為母港，目前駐有美利堅號兩棲突擊艦、4艘船塢登陸艦以及掃雷艦等。此外，佐世保灣周邊也有許多美軍油庫、彈藥庫，以及氣墊登陸艇的維修基地，是美國海軍在西日本的整補重鎮。

　　海自艦船與美軍共用「立神岸壁」，主要停泊「日向級」直升機護衛艦「伊勢」，以及多艘神盾艦與各型護衛艦。另外，在「倉島岸壁」也會停靠海自艦艇，搭乘軍港遊船繞行一圈均可遍覽。

　　自臺灣前往佐世保，可以選擇由航班較多的福岡機場入境，搭乘地下鐵至博多車站後，轉乘JR佐世保線的「綠號」特急列車至佐世保。須注意有些班次會與開往「豪斯登堡」主題樂園的列車併結，不要搭錯車廂。除此之外，虎航也有自桃園飛往佐賀國際機場，可由機場搭公車至JR佐賀車站轉乘佐世保線。

　　JR佐世保車站緊鄰海港，周邊有購物商場及乘船碼頭，極富港灣風情。自車站搭乘西肥巴士（班次非常少）或計程車前往「弓張岳展望台」，可居高臨下俯瞰整個港區、市區，以及島嶼星羅棋布的名勝「九十九島」。若想近距離感受美日艦船雄姿，還是得搭上一趟軍港遊船。

↓自遊港船觀看停泊於立神岸壁的海自艦船，左起為「伊勢」、「足柄」、「涼月」、「金剛」。

自弓張岳展望台居高臨下俯瞰佐世保軍港。

軍港遊船 　船票：¥2000

　　佐世保的軍港遊船除非特例，否則只有週末假日上午 11 點半運航一班，可以先上網預約。遊港航程約 1 小時，售票處位於佐世保站內的觀光資訊中心。

　　漆成醒目黃黑色的遊船自佐世保港出發後，首先會開往美日共用的立神岸壁，若兩棲突擊艦在港，便可觀賞其英姿，聖安東尼奧級船塢登陸艦則靠泊在其後方。再來是海上自衛隊艦船，以佐世保為母港的神盾艦數量最多，包括「金剛」、「鳥海」、「足柄」、「羽黑」，3 種艦級皆有機會看到。

　　駛過碼頭轉向後，可以看到佐世保重工造船廠的船塢與林立的起重吊車，它們大多都是過去海軍工廠留下來的遺產，最大的 7 號船塢可供大和級戰艦入塢，而航空母艦「赤城」、「加賀」也都是在佐世保工廠將早期三層飛行甲板改造成單層全通甲板。

軍港遊船（中文）

軍港遊船預約網頁（日文）

目前駐佐世保基地的美軍兩棲突擊艦是「美利堅號」，具備 F-35B 戰機運用能力。

遊港船順著佐世保灣向南航行，右岸可見多處美軍油庫設施，儲備大量燃油供艦隊使用，灣內也常會看到美軍補給艦停泊。如果有機會搭到速度較快的大船，還會開到美軍 LCAC 氣墊登陸艇維修基地再轉回頭。

朝北返航時，右側遠方可以看到 3 根巨大高聳的天線塔。它們是針尾送信所的無線電塔遺跡，除了是日本最古老的自立式電波塔，也是戰前建造的現存最高塔，被指定為國家重要文化財。這座通訊站曾轉發由聯合艦隊旗艦「長門」發送的太平洋戰爭開戰暗號「攀登新高山一二〇八」，傳遞給位於中國大陸與南太平洋的日軍部隊。

回程途中，可以看到岸邊吊掛一排小艇的海自佐世保教育隊，以及美國海軍的彈藥庫。若眼尖一點，還可以瞥見藏身於防波堤後的海自飛彈快艇。在回到碼頭之前，會轉往海上自衛隊的倉島岸壁繞行一圈，此處可近距離觀覽護衛艦與掃雷艇，並有機會看到最新服役的「最上級」多功能護衛艦。佐世保的遊港船由船長邊開船邊解說，與橫須賀、吳相比別具風格，對於各種細節知之甚詳，非常充實。

↑美軍佐世保基地的建築，除美、日兩國國旗外，也升有聯合國旗。由於韓戰並未實質完結，因此聯合國軍依舊存在，並能使用駐日美軍包括佐世保在內的數座基地。

↑佐世保灣周邊有許多美軍油庫，儲備大量燃油。

↑佐世保灣內可以看見數艘美軍補給艦停泊。

↑位於佐世保灣周邊的美軍彈藥庫。

↑美軍的 LCAC 氣墊登陸艇維修基地，位於佐世保灣較遠處，要搭到特殊航班才有機會看到。

↑針尾送信所的無線電塔遺跡，曾用來發送「攀登新高山一二〇八」的開戰暗號。

↑停靠於海自倉島岸壁的「最上級」多功能巡防艦「能代」，徹底講究匿蹤設計的外觀相當特別，宛若一把鋒利的日本刀。

→隸屬佐世保地方隊的木製船身掃雷艇，左起為「平島」、「鷹島」、「黑島」。

市區漫步

　　佐世保市內有許多和帝國海軍相關的史蹟建築，認定為日本遺產後，都有設置說明看板，可在市區尋覓它們的蹤跡。惟須注意佐世保的美軍基地與市區分隔不若橫須賀明顯，美軍設施不得靠近拍照，否則可能會被憲警取締。

　　海上自衛隊在佐世保也有一座官方史料館，利用舊海軍時代供軍官住宿、交誼的「佐世保水交社」增建而成，內部以影片、照片、模型等方式介紹從幕府海軍到帝國海軍、海上自衛隊的發展歷史。其中有個展區搬入除役直升機護衛艦「鞍馬」的艦橋設備，重現其駕駛台情境，該艦主錨也陳列於史料館門口。最高階的7樓是展望台，可以眺望佐世保港與美國海軍基地。

↑舊海軍佐世保鎮守府廳舍建築在戰爭末期遭空襲炸毀，目前海自的佐世保地方總監部位於原址，門口仍維持當年遺風。

在海自史料館對面，有座造型別緻的歷史建築，是為舊海軍佐世保鎮守府凱旋記念館。第一次世界大戰時，日本加入協約國陣營，曾派遣佐世保鎮守府所屬艦艇組成「第二特務艦隊」，於地中海執行護航任務，並獲英國國王贈勳。戰後為紀念這項功勳，於1923年建立凱旋記念館，供海軍舉辦各種典禮。目前該館作為市民文化廳使用，是登記有案的古蹟。

一如橫須賀、吳，佐世保也有不少提供海自咖哩的店家，並以各艦艇認證的獨門秘方作為特色。然而，這裡最熱門的還是美式漢堡，以尺寸巨大、現點現做聞名。除了車站內就有店鋪販售，市區也有不少店家，可於觀光資訊中心索取漢堡地圖，按圖索驥進行美食攻略。

Web　海上自衛隊
佐世保史料館
（日文）

→佐世保海兵團是舊海軍的新兵訓練中心，遺址建有紀念碑。

↓海上自衛隊佐世保史料館的建築物原本是海軍水交社，八角形塔樓頗具特色。

↑移植自除役直升機護衛艦「鞍馬」的艦橋裝備，舷窗播映航海影像，可體驗艦船駕駛台氛圍。

→為紀念一次大戰勝利功勳而建的凱旋紀念館。

↓特色美食佐世保漢堡，份量也是美利堅級。

東山海軍墓地

如同吳的長迫公園，佐世保也有一座海軍墓地，稱作東公園。該處祀奉佐世保鎮守府所屬海軍官兵 17 萬餘亡靈，目前有 62 座合祀碑與 437 座個人碑，每年除有春、夏、秋祭，各艦船與部隊也會依期程舉辦慰靈儀式。

自 JR 佐世保站搭乘西肥巴士往「十郎原」班車，或是「大宮 - 天神循環」在「天神」站轉乘往「東濱」方向，在「福石小學校上」站牌下車，即可抵達東公園（佐世保海軍東山墓地）。

公園入口處矗立一座東鄉平八郎提督的銅像，其後則為各個合祀碑。包括航空母艦「加賀」、「飛龍」、「雲龍」、「瑞鳳」，「金剛級」戰艦中的「金剛」、「霧島」、「榛名」，4 艘「妙高級」重巡洋艦、驅逐艦「時雨」、「秋月」、「初月」等多數艦艇的慰靈碑，皆可在此找到。

↑中途島海戰戰歿的航空母艦「飛龍」慰靈碑，碑文是由當時擔任航空參謀的源田實所書。

↑爆發於 1932 年的第一次上海事變，佐世保鎮守府曾派遣陸戰隊前往作戰，陣亡的 78 人合祀於海軍墓地。

←中途島海戰戰歿的航空母艦「加賀」慰靈碑。

→重巡洋艦「羽黑」舷窗框。

Web 東山海軍墓地（日文）

←戰艦「金剛」慰靈碑，1944 年雷伊泰海戰後，「金剛」於 11 月 21 日遭美軍潛艦「海獅號」以魚雷擊沉於基隆外海 40 浬。

舞鶴 MAIZURU
日本海鎮守要港

\# 紅磚倉庫群　\# 在京都府　\# 但離京都市很遠　\#「天橋立」在附近　\# 冬天很冷

動畫電影《名偵探柯南：絕海的偵探》中，柯南一行人參加海上自衛隊的神盾艦體驗航海，就是從舞鶴基地出發，在海上遭遇間諜盜取情報事件。舞鶴基地雖然規模較小，但卻肩負日本海防衛重任。除了配置兩艘神盾艦，還有對付北韓間諜船用的飛彈快艇駐防。

周邊概要

面向日本海的舞鶴灣位於京都府北部，是個周圍有群山環繞、出口狹窄的天然良港。明治時代，為了防備俄羅斯，帝國海軍決定在此設置鎮守府。然而，由於吳、佐世保的優先度較高，因此舞鶴要等到甲午戰爭結束，清廷支付賠款後，才有充足經費展開大規模建設。

「舞鶴鎮守府」於 1901 年正式開設，首任司令長官由當時為中將階級的東鄉平八郎擔任，舞鶴海軍工廠、舞鶴鐵路線也在之後幾年陸續完成。工廠主要負責建造驅逐艦，且多是建造各級 1 號艦以確立技術，再讓其他工廠續造後艦。包括「吹雪級」、「陽炎級」、「夕雲級」、第 2 代「島風」、「秋月級」、「松級」，首艦皆於舞鶴誕生。

1920 年代的海軍限武條約期間，舞鶴鎮守府曾一度降格為要港部，直到 1936 年退出條約後才恢復鎮守府設置。太平洋戰爭結束後，舞鶴港成為日本軍民自中國、蘇聯等地遣返回國的港口之一，被拘留在西伯利亞多年的軍人，大多都是從舞鶴上岸歸國，市內的舞鶴引揚記念館有相關歷史陳展。

前往舞鶴市，可自關西機場入境，從大阪、京都搭乘電車或高速巴士抵達。JR 舞鶴線有西舞鶴、東舞鶴站，東舞鶴較靠近海自基地。自車站北口往港邊走，數條橫向大馬路分別以日俄戰爭時期的前無畏級戰艦命名，依序穿越「三笠通」、「初瀨通」、「朝日通」、「敷島通」、「八島通」、「富士通」，便能抵達舞鶴港。

交通指南

JR 山陰本線／舞鶴線：京都站→西舞鶴、東舞鶴站

 Web 觀光資訊（日文）

 Web 軍港遊船（日文）

神盾艦「愛宕」是《名偵探柯南：絕海的偵探》
作品中登場艦船的參考原型。

軍港遊船　船票：¥1500

　　海上自衛隊在舞鶴的主要艦艇碼頭為「北吸係留所」，護衛艦與飛彈快艇皆靠泊於此，假日會不定期開放參觀，詳細資訊公布於舞鶴地方隊網站。舞鶴的軍港遊船最近幾年才開始經營，週末假日自上午 10 點至下午 3 點共有 6 班，平日只有上午 11 及下午 1、2 點開航 3 班。遊港一周需時 35 分鐘，除了經過北吸岸壁，還會繞至舞鶴教育隊、舞鶴航空基地、JMU 的造修船廠（前舞鶴海軍工廠）等處，是唯一可以遠眺海自直升機基地的軍港遊船。

←極速可達 44 節的「隼級」飛彈快艇，是用來對付北韓間諜船的利器。

↑舞鶴海軍工廠設施至今仍由 JMU 使用，負責維修海自船艦，圖中是正在 2 號船塢中大修的直升機護衛艦「日向」。

→負責訓練新進人員的舞鶴教育隊，岸邊有成排訓練用短艇。

Web 海上自衛隊
舞鶴地方隊
（日文）

↑舞鶴航空基地駐紮海自第 23 航空隊，假日會不定期開放參觀。

以舞鶴為母港的第 3 護衛隊，下轄艦船包括直升機護衛艦「日向」、神盾護衛艦「妙高」與「愛宕」，以及特化防空能力的通用護衛艦「冬月」。直屬舞鶴地方隊的第 2 飛彈艇隊則有「隼」、「海鷹」兩艘飛彈快艇，其他還有支援艦艇與掃雷艇等。

景點巡禮

舞鶴的特色古蹟，是多棟由海軍紅磚倉庫整建的展示設施，構成一座倉庫公園，許多影視作品都曾在此取景拍攝，包括《日本最長的一日》、《鋼之煉金術師》等。

紅磚倉庫群是舞鶴的觀光特色之一，內部有各種展示與紀念品賣店。

海上自衛隊舞鶴地方總監部目前使用的廳舍，是舊海軍機關學校所在地，該處還有海自的第4術科學校，專門訓練烹飪以及經理、補給人員。以前作為海軍機關學校大講堂的建築，現在則整理成海軍紀念館，內部除了總監部大講堂外，也陳展許多海軍文物，週末假日開放參觀。

海自基地的西側，有座名為五老岳的小山丘，山上聳立一座「五老天空塔」，可登高俯瞰舞鶴港灣，並於餐廳享用「護衛艦妙高咖哩」等特色餐點。山腳下有通往西舞鶴、東舞鶴的公車站牌，徒步上山需花費約 50 分鐘。

舞鶴除了鄰近京阪神地區，自西舞鶴車站搭乘京都丹後線也能向西通往日本三景之一的「天橋立」，欣賞綿長入海的「飛龍觀」特色海岸。

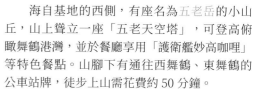

←舞鶴地方總監部使用過去海軍機關學校的校舍建築，左側大講堂為海軍紀念館，假日開放參觀。

→海軍紀念館入口的軍艦旗與東鄉平八郎元帥銅像。

←五老岳上的天空塔可俯瞰整個舞鶴港灣地區。

↓自天空塔俯瞰修船廠區。

Web
五老岳公園
（日文）
爬山！

東鄉平八郎與馬鈴薯燉肉

除了咖哩飯之外，另一項日本國民美食馬鈴薯燉肉，其實也跟海軍淵源甚深。1901 年就任初代舞鶴鎮守府司令長官的東鄉平八郎，因懷念年輕時留學英國之際品嘗到的紅酒燉牛肉美味，遂命部下嘗試烹煮。

然而，當時的日本既沒有紅酒，也無洋風醬汁，因此掌廚就改用醬油和砂糖調味。雖然端出的料理迥異於紅酒燉牛肉，但依舊十分美味。水兵吃了之後不僅越來越有精神，同時也改善了維他命不足和腳氣病、敗血症問題。

這道營養豐富的馬鈴薯燉肉，不僅普及其他船艦，後來更是深入一般家庭，成為「媽媽的味道」。

老司機帶路 海上自衛隊艦艇開放

對於全募兵制的自衛隊來說,如何招募人才一直是個重要課題。特別是必須以艦船為家的海自,人手不足的情況特別嚴峻。自衛隊在各地設有「地方協力本部」負責人才招募工作,為了吸引適齡民眾有更多機會接觸自衛隊,會積極透過社群網路宣傳,並協調各部隊舉辦相關活動。而認識海上自衛隊最好的方法,自然就是開放艦艇讓民眾參觀。

除了前述幾個地方總監部會於週末不定期開放之外,橫須賀基地在以下幾個時機也能進入參觀:

⚓ 橫須賀YY節

由橫須賀市觀光協會主辦,時期約在每年6月,協同鐵路公司等單位,在維爾尼公園陳展各式車輛。此時海自橫須賀基地也會配合開放,安排多艘艦艇(包含海上保安廳的巡視船)與直升機等供人參觀。

↑海上保安廳的巡視船「葭鷹」,在橫須賀YY節也前來助陣。

←透過升降機往來機庫與飛行甲板,是參觀「出雲」等直升機護衛艦最大的樂趣。

⚓ 橫須賀夏(秋)節

　　由橫須賀地方隊主辦，時期原本是在每年夏季 8 月，但因近年氣候過於炎熱，2023 年起改在秋季 10 月舉辦，陳展裝備同樣豐富。

海上自衛隊
橫須賀地方隊（日文）

三不五時關注一下開放訊息

⚓ 觀艦式「艦隊週」

　　每 3 年一度的海上自衛隊觀艦式是最盛大的活動，往年皆有讓民眾透過抽選方式隨艦出海觀摩壯闊的艦隊演訓，但 2022 年起因應情勢與疫情，改成只能看網路直播。即便如此，觀艦式前的「艦隊週」依舊會在橫須賀、橫濱、木更津等港口開放艦艇參觀，並舉辦一系列熱鬧滾滾的活動。

↑於橫須賀基地直升機坪展示完畢準備起飛離場的 MCH-101 掃雷運輸直升機。

　　至於其他時期，各港口也不時會配合地方舉辦的活動，協調海自艦艇前來共襄盛舉，例如橫濱開港祭、靜岡縣的清水港祭等，甚至還有機會走上潛艦甲板過過乾癮。

　　除了搭乘軍港遊船或參加開放活動，另外還有一些機會可以近觀艦船，以下列舉兩個比較特別的例子。

←觀艦式隨艦出海已成夢幻選項。

↓艦隊週於台場東京國際郵輪碼頭開放參觀的多功能巡防艦「最上」，是近距離俯瞰的難得機會。

⚓ 東京灣渡輪挑戰

東京灣渡輪對開於神奈川縣三浦半島的久里濱港與千葉縣房總半島的金谷港，單趟航程約 40 分鐘。由於航路橫切進出東京灣的浦賀水道，因此有機會近距離拍攝艦船在海上航行的情景。若有較特別的外國艦船來訪，或東京灣海上交通中心公布美軍航空母艦進出水道時間，決心夠強的艦船迷便會算準渡輪航班，賭一賭是否能夠獵取精采畫面，極具挑戰性。

⚓ 神戶港遊覽船

神戶是一般團體旅遊常會安排的港灣城市，但除了普通觀光景點外，其實也暗藏玄機。海上自衛隊的潛艦以每年建造一艘的方式進行更新，為維持技術量能，會由三菱重工與川崎重工輪流建造，它們的造船廠皆位在神戶。搭乘神戶港遊覽船，便有機會經過造修潛艦的廠房與船塢，一窺入渠中的潛艦樣貌。若碰到一年一度的新潛艦交艦典禮，甚至還會安排特別船班在海上就近觀賞，機會十分難得。

↑ 2 艘於三菱重工神戶造船廠大修的「蒼龍級」潛艦，由於俥葉形狀具機敏性，因此會遮擋或卸下。

↑ 於川崎重工神戶工廠舉行交艦典禮的「白鯨」。

Web 東京灣渡輪（中文）

Web 神戶港遊覽船（日文）

像這種角度只有從東京灣渡輪上才有機會拍攝。

二次大戰結束後，帝國陸軍與海軍宣告解散，日本的防衛暫且由以美軍為主體的駐日盟軍負責。1950 年韓戰爆發，駐日美軍大舉出動至朝鮮半島作戰，使日本出現防衛空窗。在駐日盟軍總司令麥克阿瑟元帥授意下，於該年 8 月成立「警察預備隊」以維護國內治安。

1952 年成立「保安廳」後，將警察預備隊納入麾下，改組為「保安隊」。兩年後，保安廳又發展為「防衛廳」，保安隊也隨之改組為「陸上自衛隊」，肩負戰後日本國土防衛。

相對海上自衛隊幾乎是由舊海軍軍人主導成立，由於舊陸軍身上揹負的戰爭責任被認為比舊海軍來得重，因此陸上自衛隊在處理與舊陸軍的關係上會顯得比較謹慎，但事實上兩者仍有著十足連結。

雖然草創期的高層長年由文官出身者擔任，一開始招募的隊員也多半來自警察系統，但很快就發現兵器操作與領導統御還是得仰賴具備專業軍事素養的人員，因此後來就讓大量舊陸軍軍官加入行列。

除此之外，陸上自衛隊不僅部隊駐紮的「駐屯地」大多承襲帝國陸軍，許多部隊的番號、精神標語等也是一脈相傳。帝國陸軍的軍旗為太陽位於正中央的 16 道光芒旭日

富士總合火力演習時以前進蛇行狀態射擊翼穩脫殼穿甲彈的 10 式戰車，以往一般民眾都有機會應募抽選前往觀摩演習，但近年因情勢變化，改成只能線上觀賞直播影片。

旗，自衛隊旗則採類似設計，只是將光芒減為8道。過去使用的「陸軍分列行進曲」，至今在陸自部隊觀閱式上依舊耳熟能詳，繼承傘兵傳統的「第1空挺團」也仍傳唱「空中神兵」。

即便如此，戰後日本政府為避免重蹈覆轍，除有憲法第9條限制武力使用，也貫徹「文人領軍」，由國會、內閣統領防衛事務。自衛隊的各種行動皆須於法有據，處處受到嚴格檢視。在這樣的情況下，每逢跡象便起鬨指稱「軍國主義復活」云云，實為杞人憂天。自衛隊為增進民眾了解其組織運作、任務執掌以及使用裝備，除了積極透過網路社群媒體發布訊息，也有設置專門的廣報中心供一般民眾參觀見學。

分布於日本各地的陸自主要駐屯地，每逢創立紀念日多半會舉辦開放活動，安排紀念典禮、部隊校閱、訓練展示等項目，甚至還讓民眾體驗搭乘包括戰車在內的各式車輛。此外，在4月櫻花盛開的季節，擁有較多櫻花樹的駐屯地也會擇日開放民眾入內賞花，呈現戰甲車與紅粉櫻叢共絢爛的奇異畫面。

本章挑選幾個較具代表性的單位，介紹駐地對外開放時有機會鑑賞的武器裝備，包括傘兵、裝甲兵、武器學校、高射學校等。除了朝霞廣報中心為常時開放，其他駐屯地的紀念日開放資訊則會在防衛省以及各單位網站上發布，若想親自前往一探，可隨時留意相關訊息。

朝霞陸上自衛隊廣報中心

位於東京都與埼玉縣交界處的陸上自衛隊朝霞駐屯地，是陸上總隊司令部、東部方面總監部等高司單位所在地，緊鄰在側的朝霞訓練場則是每3年舉辦自衛隊紀念日中央觀閱式使用的閱兵場地，為首都圈內規模較大的陸自駐屯地。

#常設展示　#東京都內　#戰甲車原型車　#眼鏡蛇　#可以玩模擬器

　　朝霞駐屯地的大門旁邊，設有一座陸上自衛隊的「廣報中心」，日文的「廣報」一詞，指的是機關團體透過對公眾發布訊息的手段來促進公共關係，各部隊的廣報單位相當於國軍的公共事務組。這座廣報中心，是以「觀看、觸摸、體感」為概念，讓民眾可以近距離接觸陸自武器裝備，促進對防衛事務的理解。

↓陸上自衛隊廣報中心位於朝霞駐屯地門口旁邊，展示安排適合大人小孩闔家參觀。

　　廣報中心主體建築為一座挑高的室內展場，中央陳列一架AH-1S眼鏡蛇式攻擊直升機，屋頂垂掛兩具降落傘，視覺效果甚有魄力。展場對角則有一輛最新的16式機動戰鬥車（原型車），於2020年重新裝修時取代原本的10式戰車入駐，頗有象徵戰力轉型的意味。

↑館內賣店有琳瑯滿目的紀念品可供選購。

↑上為最新型的 20 式突擊步槍,中為現役的 89 式突擊步槍,　↑ AH-1 展示機的座艙可以貼近觀看,前座還將艙罩打開。
下為 MINIMI 輕機槍。

←類似刺針飛彈的 91 式單兵攜行防空
飛彈,右側為個人戰鬥裝備,左側為核
生化防護裝備。

↓ 120 公厘戰車砲彈,上為破甲榴彈,
下為翼穩脫殼穿甲彈。

→近年換上的 16 式機動戰
鬥車原型車,許多細節與
量產車不同。

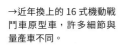

↑各種型態的戰鬥口糧展示品，不定期還會舉辦試吃會。

↑小朋友最愛的戰車射擊模擬器。

↑室內展館與戶外展區之間還有一座野戰地下指揮所展示。

室內展品有頭盔、背包、防護背心等個人裝備可供穿戴體驗，並有偵察摩托車、最新型的 20 式突擊步槍等武器裝備，以及各種菜色的野戰口糧。為了寓教於樂，館內不僅有 3D 放映室、戰車射擊模擬器機台，最近還新增阿帕契戰鬥直升機飛行模擬器，提供更多元的體驗樂趣。

至於室外展場，陳列有陸自使用的各式戰甲車輛，以及 UH-1H 通用直升機、遙控觀測系統的無人直升機

展示於戶外的 UH-1H 直升機以及自走砲等車輛。

展示於戶外的 87 式防空砲車與 3 型主力戰車，大多都是原型車。

↑難得一見的「94 式水際地雷敷設裝置」，是一種能在灘岸快速布雷的兩棲車輛。

↑ FFOS 遙控觀測系統的無人直升機，在動畫《GATE 奇幻自衛隊》箱根山中夜戰中有出現過。

等。值得注意的是，這些車輛大多都是原型車，許多細節皆與量產型有所差異，若要當成模型製作參考，需得多加留意。

廣報中心的開館時間為上午 9 點半至 11 點 45 分、下午 1 點 15 分至 4 點 45 分，中午會清場。週一、週二及新曆年假休館，入館免費但需登記基本資料。

朝霞駐屯地在 3 月底 4 月初也會舉辦賞櫻開放，若輪到陸自舉辦中央觀閱式，則有三自衛隊的各型旋翼機、定翼機組成編隊通過朝霞訓練場上空，在場外也能觀看，規模甚是壯觀。

交通指南

前往朝霞駐屯地，可自池袋搭乘東武東上線至和光市站或朝霞站，徒步 20 分鐘即可抵達。

 Web　陸上自衛隊 廣報中心 （日文）

習志野第 1 空挺團

位於千葉縣船橋市的習志野駐屯地，是陸自唯一傘兵部隊「第 1 空挺團」的駐地。第 1 空挺團是一支旅級單位，隸屬陸上總隊，主要作戰兵力包括 3 個普通科大隊（步兵營）與 1 個配備 120 公厘迫擊砲的特科大隊（砲兵營），部隊標語為「精銳無比」。

觀摩傘兵訓練　# 新曆年初例行活動　# 一大早去才占得到好位置

　　「空挺」是「空中挺進」的簡稱，為舊日本陸軍創造的辭彙。帝國陸軍的「挺進團」傘兵曾在太平洋戰爭初期的荷屬東印度群島戰役成功施展空降作戰，奪取巨港油田。陸上自衛隊成立後，為重新組建一支具備特戰性質的精銳傘兵部隊，原本隸屬陸軍挺進團的軍官召集前傘兵人員組成研究小組，重啟跳傘訓練，之後逐步發展為第 1 空挺團。有鑑於此，第 1 空挺團可說是帝國陸軍傘兵的正統後繼單位，雖有加上番號，但空挺團只有第 1，沒有第 2。

↑搭乘 UH-1J 直升機的狙擊小組。

↑騎乘摩托車的偵察隊員。

↑以樹梢高度飛進演習場的 AH-64D 戰鬥直升機。

↑低空進行密接支援的 AH-1S 攻擊直升機。

　　欲加入第 1 空挺團，首先得符合年齡、體格標準，並通過嚴格的體測門檻。完成 5 次跳傘，取得空挺資格成為團員後，若要從「陸士」（士兵）晉升為「陸曹」（士官），還必須受完突擊訓（Ranger），取得空挺突擊資格才行。由於空挺團員的體能與戰鬥力皆超乎常人，因此有人也會以日語諧音揶揄其為「第 1 狂挺團」。

　　每年新曆年假過後，第 1 空挺團會舉辦年初空降訓練，並開放民眾進入習志野演習場參觀，以促進國民對於部隊的理解與信賴。在 1 月的寒風中，資深指揮官會帶領最年輕的隊員率先跳下飛機，象徵傘兵部隊身先士卒、承先啟後的精神。除了自衛隊外，近年美軍傘兵也開始加入這項演練，2023 年甚至還有英軍、澳洲軍前來共襄盛舉，展現以多國合作強化防衛的發展方針。

　　後續的戰鬥演練，按想定會把演習場當成一座遭敵軍占據的離島，由空挺團員以空機降方式登島鞏固目標線，再引導後續增援部隊上岸殲滅敵軍。除空挺團本身擁有的 120 公厘迫擊砲外，16 式機動戰鬥車、10 式戰車、各型飛彈發射車、AAV7 兩棲突擊車等戰甲車輛也會陸續登場，展現一整套島嶼規復流程。負責密接

↑自 UH-1J 直升機繩降的隊員。

↑自 CH-47J 機艙駛出的高機動車。

從美國空軍 C-130J 運輸機跳出的空挺團員。

支援的 AH-1S 攻擊直升機以及運送人員與物資的 CH-47J、UH-1J 等直升機會在演習場上低空穿梭，畫面非常精彩。就某種程度上來說，堪比縮小版「富士總合火力演習」，整個活動流程約為 2 小時。

除了空降演習之外，鄰近的習志野駐屯地有時也會對外開放，駐屯地內的「空挺館」陳列許多空降部隊文物，除了陸自空挺團之外，也包括帝國陸軍、海軍傘兵的裝備與歷史，可以見得他們是一支注重歷史傳承的部隊。

←扮演後續增援部隊的 10 式戰車、74 式戰車、89 式裝甲戰鬥車，以及後方的中程多用途飛彈發射車。

→水陸機動團的 AAV7 兩棲突擊車，他們也是有事之際衝第一的部隊。

↑後勤支援部隊有時也會擺攤展示，示範摺傘與修補傘衣等作業。

↑位於習志野駐屯地內的「空挺館」，原本是舊陸軍「騎兵實施學校」招待高官與貴賓的建築，現為史料展示室。

←戰爭末期搭乘重爆機硬降沖繩等機場突襲美軍的「義烈空挺隊」，手持前端綁有炸藥的棍棒，以吸盤黏上大型機的機翼後引爆。

↓格鬥漫畫《刃牙》的作者板垣惠介曾在空挺團服役過5年，空挺館有收藏簽名板。

↑空挺團隊員也曾派遣至伊拉克等海外地區執行維和任務。

←舊日本軍傘兵部隊使用的武器與降落傘。

陸上自衛隊
第1空挺團
（日文）

新曆年前可留意活動訊息

駒門機甲教導連隊

位於靜岡縣御殿場市的駒門駐屯地，是負責訓練戰甲車乘員的「機甲教導連隊」所在地，鄰近每年舉辦「富士總合火力演習」的東富士演習場。

#戰車與櫻花共舞　#戰甲車教導單位　#戰車試乘

駒門駐屯地的歷史最早可追溯至 1936 年，當時是建設為富士裾野演習場駒門廠舍，到了 1943 年太平洋戰爭期間，則於此地開設陸軍重砲兵學校富士分教場。戰後歷經一段空白期，

美軍戰車部隊曾於 1946 年進駐。陸上自衛隊正式成立後，駒門駐屯地才繼續完成整備，設立機甲教育訓練單位。依防衛省精減戰車部隊的規劃，原本「富士教導團」訓練幹部（軍官）

↑在櫻花樹下進行分列式校閱的 90 式戰車，漆塗的是機甲教導連隊徽幟。

↑目前正當紅的輪型 16 式機動戰鬥車，甚至有機會在一般道路上看到。

的「戰車教導隊」與「偵察教導隊」進行整合，於 2019 年自富士駐屯地移駐駒門駐屯地，吸收原駐該處的「第 1 機甲教育隊」（訓練基層戰甲車乘員），新編為「機甲教導連隊」。

　　所謂「機甲」，指的是「機械化裝甲」的意思；機甲部隊以戰車為核心，搭配機械化的步兵、工兵、砲兵、偵察兵一起行動，構成聯合兵種的機動打擊戰力。按照規劃，這支教導隊將會成為本州的唯一戰車單位，爾後機甲科戰力大多由輪型的 16 式機動戰鬥車取代，戰車僅部署於北海道和九州。參與第 1 空挺團演習、富士總合火力演習，以及靜岡模型展等有自衛隊車輛展示的活動時，車頭所屬單位噴塗「機教」字樣的，就是隸屬機甲教導連隊的戰甲車。

←←第 1 機甲教育隊精神標語，以砲彈貫穿的裝甲板構成。

←被戰車砲彈貫穿的混凝土牆標靶展示物。

↓配合 10 式戰車研製的 11 式履帶救濟車，諸如這類罕見裝備也能在此看到。

地面裝備展示，左起為 16 式機動戰鬥車、87 式偵察警戒車、99 式 155 公厘自走榴彈砲。

YouTube 搭乘 74 式戰車
繞場賞花影片

←供民眾試乘的 74 式戰車，在引擎艙上方架設圍欄，繞行場地一周。

↓試乘 74 式戰車的視角，隨 74 式戰車除役，此景已成絕響。

←史料館內陳展的西住小次郎大尉剪報，西住戰車長在徐州會戰遭國軍狙擊陣亡，是首位被軍部正式認定為「軍神」的樣板人物。

↑史料館內陳展的戰車兵用皮帽。

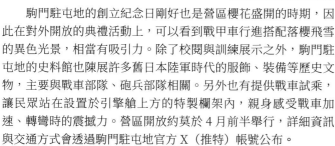

↑駒門駐屯地的營站，前來受訓的學員大多會製作紀念 T 恤，風格各有所好。

　　駒門駐屯地的創立紀念日剛好也是營區櫻花盛開的時期，因此在對外開放的典禮活動上，可以看到戰甲車行進搭配落櫻飛雪的異色光景，相當有吸引力。除了校閱與訓練展示之外，駒門駐屯地的史料館也陳展許多舊日本陸軍時代的服飾、裝備等歷史文物，主要與戰車部隊、砲兵部隊相關。另外也有提供戰車試乘，讓民眾站在設置於引擎艙上方的特製欄架內，親身感受戰車加速、轉彎時的震撼力。營區開放約莫於 4 月前半舉行，詳細資訊與交通方式會透過駒門駐屯地官方 X（推特）帳號公布。

SNS 陸上自衛隊
駒門駐屯地
（日文）

北海道第 7 師團

位於日本領土最北端的北海道，從幕末才開始大舉開拓，在明治時代設有「屯田兵」，同時肩負開墾與警備工作。日本陸軍的第 7 師團是以屯田兵為母體編成的常備師團，本部位於旭川，號稱「北鎮部隊」。

#唯一機甲師團 #東千歲演習場訓練展示 #上百輛戰甲車壯闊校閱 #規模直逼富士總火演

第 7 師團曾參與日俄戰爭，打過知名的旅順會戰與奉天會戰，以慘重傷亡攻下 203 高地。動漫作品《黃金神威》中出現的許多角色，就是隸屬第 7 師團。除此之外，二戰時期被派去奪回瓜達康納爾島，但遭美軍陸戰隊全殲的「一木支隊」，也是第 7 師團麾下的部隊。

戰後，陸上自衛隊首先在北海道成立第 7 混成團，將其機械化後，改編為第 7 師團。為防止蘇聯挾其鋼鐵洪流入侵北海道，第 7 師團於 1981 年改編為「機甲師團」，下轄 3 個戰車連隊及其他兵種的機械化部隊，鞏固北疆防衛。

第 7 師團底下的戰車連隊，曾於冷戰末期大幅增強，每個連隊擴編至 5 個戰車中隊，換裝 90 式戰車後，每個中隊編制 14 輛戰車。即便最近戰車部隊有所裁減，第 7 師團麾下的戰車數量仍然達到 200 餘輛，約占陸自戰車總數的三分之一，構成屏障北方的鋼鐵長城。

陸上自衛隊
第 7 師團
（日文）

87 式防空砲車也是集中配置於北海道，
如此大陣仗的隊列相當難得一見。

第 7 師團的本部位於陸自規模最大的東千歲駐屯地，鄰近東千歲演習場以及航空自衛隊千歲基地（新千歲國際機場）。東千歲除有第 7 師團麾下部隊駐紮，北部方面隊的第 1 高射特科團等直屬部隊也位於該處，進駐單位非常多，光是官兵餐廳和營站就各有 3 處。

每年 5 月的第 7 師團與東千歲駐屯地創立紀念活動，會開放民眾入內觀摩，參與校閱的戰甲車輛數量相當驚人，總數超過 300 輛。除了 3 個戰車連隊的 10 式、90 式戰車外，機械化普通科連隊的 73 式裝甲車、高射特科連隊的 87 式防空砲車、特科連隊的 99 式 155 公厘自走砲

→第 7 師團下轄的第 11 普通科連隊屬於機械化步兵，不僅唯一使用 73 式裝甲運兵車，編制規模也比其他普通科連隊大上將近 1 倍。

↘ 96 式 120 公厘迫擊砲車，總共只有生產 24 輛，全數配備於第 11 普通科連隊的重迫擊砲中隊，只有在這裡才看得到。

↓ 99 式 155 公厘自走榴彈砲，集中配置於北海道的特科部隊。

訓練展示的壓軸是各型直升機搭配各式戰甲車編隊通過，場面極為壯觀。

↑裝甲救濟車拖救模擬戰損的 90 式戰車，另有醫護人員將模擬傷員從砲塔上運下來。

等都會大量參與分列式，在原本是機場跑道的校閱場上構成壯觀的機甲隊列，頗為震撼。

在訓練展示方面，除了沒有使用實彈，精彩程度並不下於富士總合火力演習。第 7 師團連偵察隊都配有戰車，搭配摩托車偵察兵偵獲敵情後，隨即派出戰車部隊正面迎戰。後方的 155 公厘自走砲以及 120 公厘迫擊砲車會提供火力支援，遇到近年新增的無人機威脅，則由 87 式防空砲車老驥伏櫪加以對應。工兵車會發射排雷火箭，後勤部隊則出動裝甲救濟車及救護車，拖救模擬戰損戰車並救助傷員，科目相當豐富，令人目不暇給。

至於其他，除了可以試乘 90 式戰車，用心經營的史料館也相當值得一看。身為戰車部隊的大本營，史料館宛若一座戰車博物館，不僅有大量實物、模型收藏品，甚至還有一個角落專門陳列動畫作品《少女與戰車》相關物件，吸引不少目光。除此之外，關於舊日本軍的收藏品也相當豐富，包括槍械、服裝、個人物品等琳瑯滿目，且有看板解說戰爭來龍去脈，內容十分充實。

↑史料館內展示的戰車承載輪與履帶塊，另有大量模型。

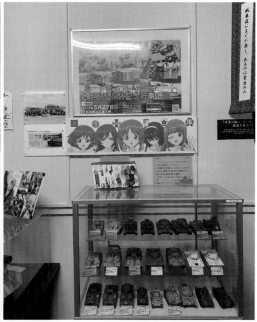

↑《少女與戰車》展示區，這部作品對於推廣戰車知識有極大成效，第 7 師團也曾提供製作參考資料。

←以模型情景呈現的舊日本陸軍戰車部隊最後一役，在占守島上對抗無視終戰宣言進攻而來的蘇軍。

土浦武器學校

位於茨城縣霞浦湖畔的土浦駐屯地，過去是「土浦海軍航空隊」所在地，以訓練帝國海軍的少年航空兵「飛行預科練習生」聞名。目前使用土浦駐屯地的單位則是陸上自衛隊的「武器學校」，負責訓練陸自的「武器科」隊員。

#遍覽各型現役、除役戰車　#輕兵器展示館如入寶山　#還有火砲館　#八九式中戰車與三式中戰車

武器學校除了培養後勤部隊指揮官之外，教學內容還包括各型戰車、火砲、車輛等武器裝備的保修（查找故障、零件更換、修理、檢查、板金等）、零件加工、彈藥補給、爆裂物及未爆彈處理專長訓練等。有鑑於此，校內的陳展裝備相當豐富，不僅有各型戰甲砲車、牽引式火砲，輕兵器館的收藏更是有如寶山。由於駐屯地內遍植櫻花樹，因此每年4月初櫻花盛開時，武器學校會舉辦賞櫻營區開放，可一口氣遍覽校內珍貴展示品。

←最新的 19 式輪型 155 公厘自走榴彈砲，賞櫻開放之際也拿出來展示。

陸上自衛隊
武器學校
（日文）

戶外車輛展示區是一整排停放在櫻花樹下的戰甲砲車，囊括陸自草創期由美軍提供的 M4E8 雪曼中戰車、M24 霞飛輕戰車、M36 驅逐戰車，到日本自製的 61 式、74 式、90 式、10 式主戰車，以及自走砲、裝甲車、裝甲救濟車等。

輕兵器收藏館內展示的槍械橫跨各個時代與國家，從古早時期的火繩槍，到幕末、明治、大正時期的早期槍械，以及二次大戰使用的各式步槍、機槍、擲彈筒，乃至於近現代的單兵武

器，都以極良好的狀態進行陳展。除了輕兵器外，館內還有收藏零式戰鬥機使用的「九八式射爆照準器」，裝在原尺寸的零戰座艙模型上，可實際窺視光網，照準目標機模型，理解其運作原理。欲詳解此館收藏品，就連專門的槍械雜誌都得分好幾期連載才能講完。

火砲館內陳展的是帝國陸軍用過的野砲、速射砲、山砲、榴彈砲，以及 1 門甲午戰爭時擄獲的德造克虜伯 120 公厘火砲。若曾閱讀已故漫畫大師松本零士的作品《戰地啟示錄》，

↑舊日本海軍土浦航空隊使用的司令台，面對大操場，在預科練的紀錄片中常會出現。

↑日本各地至今仍有許多戰時留下的未爆彈，安全處理這些未爆彈的專業技能也由武器學校培訓。圖為利用火藥轉盤夾具卸除空用炸彈引信的教具。

↑展示戰車陳列於櫻花樹下，形成這副奇異美景。砲管由前至後為 10 式、90 式、74 式戰車。

↑陸自草創期由美軍提供的 M4E8 中戰車，後方為 M36 驅逐戰車。

←頗具特色的 60 式雙聯裝 106 公厘無後座力砲車，其砲塔可以升高，自掩蔽物後方發動攻擊。

↑武器學校的輕兵器館收藏品相當豐富。

↑舊日本軍使用的各式步槍、輕重機槍以及車載型機槍。

↑水冷式馬克沁機槍以及各種蘇造大口徑戰防槍。

↑最新式的 20 式突擊步槍原型槍也列入館藏。

←↑零式艦上戰鬥機使用的「九八式射爆照準器」以及光網照準目標的樣子。

↑火砲館重新整修後,第 1 位入館參觀者就是已故漫畫大師松本零士,留有簽名紀念。

一定會對作品中出現的各式日軍武器描繪印象深刻,而這些武器的參考資料,大多便是來自武器學校收藏,展示館內有留下松本零士蒞臨參觀的照片與簽名。

火砲館旁的展示棚,陳展一輛八九式中戰車乙型,以及一輛三式中戰車,見證日本戰車研製技術的發展。對於熟悉《少女與戰車》的朋友來說,這座展棚無疑是必來的朝聖地點。

在過去的開放活動中,陸自甚至直接把大洗女子學園的隊徽貼上這兩輛戰車。八九式中戰車是日本第一款自行研製、量產的戰車,使用柴油引擎的乙型目前全世界只剩下這輛完整保存車,而且由武器學校修復到可以自力行駛的狀態。三式中戰車則於大戰後期研製,搭載75公厘砲,是舊日本陸軍稍微比較像樣的戰車,備以執行本土決戰。

↑甲午戰爭時擄獲的清軍德造克虜伯砲，經武器學校整理，保存狀況相當良好。

↑火砲館內陳列舊日本陸軍使用的各式火砲。

　　土浦駐屯地除了每年櫻花季、創立紀念日有機會開放，輕兵器館與火砲館、戶外裝備展示區也能以事前書面申請的方式預約在平日或指定日期前往參觀，詳情請見武器學校網站。

　　除此之外，武器學校內也有一座紀念舊海軍預科練的「雄翔館」，學校旁邊則有阿見町地方政府營運的「預科練和平紀念館」，陳展許多有關預科練的史料，可一併前往參觀，詳情於後續章節介紹。

交通指南

欲前往土浦駐屯地，可自 JR 常磐線土浦車站西口 1 號公車站牌搭乘關東鐵道巴士往「阿見中央公民館」路線，或 JR 巴士往「江戶崎・美浦訓馬場」路線，在「武器學校前」下車即可抵達。自臺灣搭乘虎航飛至茨城機場（航空自衛隊百里基地）不僅車程較近，還可順便參觀機場前的 2 架幽靈式展示機，以及就近造訪水戶、大洗等地，後述的筑波海軍航空隊記念館也在沿線範圍。

↓武器學校收藏的三式中戰車與八九式中戰車，是日本自製戰車技術發展的象徵。

下志津高射學校

位於千葉縣千葉市的下志津駐屯地，是日本陸上自衛隊的「高射學校」所在地。高射學校主要負責培訓陸自的防空武器操作人員，下轄「高射教導隊」，配備各型近、短、中程防空飛彈，以及北海道外唯一的87式防空砲車單位。

野戰防空裝備一次看完
杜鵑花節

陸戰雄獅 空挺精銳

下志津駐屯地過去是帝國陸軍的飛行場，為「下志津陸軍飛行學校」所在地。在每年4月底的創立紀念開放活動上，可看到各式防空武器的模擬接戰操演，充分了解陸自的野戰防空裝備。

日本的防空系統主要以戰鬥機、防空飛彈、防空機砲，以及警戒監視雷達、預警機、指揮管制系統構成。其中戰鬥機與高空層的防空飛彈是由航空自衛隊擔綱，中、低空層的防空飛彈以及防空機砲則是由陸上自衛隊操作，形成保護日本的防空攔截網（彈道飛彈防禦則會加入海自的神盾艦）。

高射教導隊是高射學校麾下負責執行教育支援的單位，除了訓練入校學生，也執行戰術研究、教範編纂等工作。教導隊除本部管理中隊外，下轄5個高射中隊，其中第1高射中隊配備短程防空飛彈（簡稱短SAM），長久以來都是以81式短SAM為主，近年則換裝新型的11式短SAM。

→由空自防空部隊支援展示的愛國者2型飛彈發射車。

↓ 03式中程防空飛彈發射車。

↑ 03 式中程防空飛彈雷達車，後方為電源車。

↑ 仍在使用的鷹式飛彈。

↑ 11 式短程防空飛彈發射車。

↑ 11 式短程防空飛彈雷達車。

YouTube **11 式短程防空飛彈**
動態展示影片

YouTube **93 式近程防空飛彈**
動態展示影片

← 93 式近程防空飛彈，相當於復仇者系統。

第 2 高射中隊配備類似復仇者飛彈系統的 93 式近程防空飛彈（簡稱近 SAM），第 3 高射中隊配備的則是 87 式防空砲車。由於此型自走高射砲價格高昂、數量稀少，除了北海道的高射特科部隊之外，只有此中隊配備。

第 4 高射中隊配備的 03 式中程防空飛彈（簡稱中 SAM）是除了實戰部隊之外唯一擁有此型裝備的單位，在每年初於習志野演習場舉行的第 1 空挺團空降訓練觀摩會中，此部隊也會派遣中 SAM 參與操演。03 式中 SAM 的階層位於愛國者 2 型與短 SAM 之間，用以逐步汰換使用已久的鷹式飛彈，目前高射教導隊麾下的鷹式飛彈是由第 310 高射中隊負責運作。

除了高射教導隊外，下志津駐屯地尚有隸

↑ P25 搜索雷達車，負責偵測中高空域目標。

↑ P18 搜索雷達車，
負責偵測中低空域目標。

Web 陸上自衛隊
高射學校
（日文）

←難得一見的 73 式裝甲車與綽號
「鋼坦克」的 87 式防空砲車，除
北海道外只有高射學校有。

屬東部方面隊的第 2 高射特科群第 334 高射中隊駐紮，配備 03 式中 SAM，肩負首都圈防空任務。03 式中 SAM 的發射車配備 6 具發射箱，以垂直方式發射，可同時對應來自全方位的多個目標，且包括射擊指揮車與射控雷達皆為車載式，機動能力比鷹式飛彈強。

舊陸軍的高射學校，位於千葉市稻毛區的小仲台町。故總統李登輝就讀京都帝國大學時，因戰況吃緊而投筆從戎，曾在稻毛的高射學校擔任見習官，並於 1945 年 3 月

10 日的東京大空襲時指揮高射砲對美軍 B-29 轟炸機開火應戰。下志津的史料館中有許多關於陸軍飛行學校與高射學校的陳展，以及陸自時代的防空相關展品，相當值得一看。

→廣報史料館，內外展品皆相當豐富。左起
為 75 公厘 M51 高射砲、40 公厘 M42 防空砲
車、35 公厘 L-90 雙聯裝防空快砲。

老司機開講
陸上自衛隊的
組織編制名稱

二次大戰結束後，駐日盟軍總司令部（GHQ）為日本草擬新憲法，其中第9條條文為「日本國民衷心謀求基於正義與秩序的國際和平，永遠放棄以國權發動戰爭、武力威脅或武力行使，作為解決國際爭端的手段。為達到前項目的，不保持陸海空軍及其他戰爭力量，不承認國家的交戰權。」因此又稱「和平憲法」。

然而，自衛隊的存在卻也因此變得尷尬，其合憲問題長年以來都是日本國內各派人士的爭論焦點。自衛隊除了抵禦外在威脅，也得傷腦筋應付國內不同意見。

為了淡化軍事形象，包含「自衛隊」這個名稱在內，許多名詞都刻意改掉舊日軍使用的稱呼，例如海自將水面主戰艦船全部稱為「護衛艦」，且即使艦名繼承自舊海軍，也改以平假名書寫等等。

在陸上自衛隊方面，各兵科（改稱為職種）的稱呼也有進行調整，其中「普通科」指的是步兵，「特科」指的是砲兵，草創時期甚至還把戰車稱為「特車」，後來為了避免與警視廳的裝甲車「特型警備車」混淆，才又改回戰車。

至於編制層級的稱呼則與舊陸軍沒有太大差異，由基層往上依序為分隊、小隊、中隊、大隊、連隊、旅團、師團、方面隊，對照中文分別為班、排、連、營、團、旅、師、軍團。至於第一空挺團、水陸機動團、第一直升機團的「團」，英文與旅同為「Brigade」，主官階級也是相當於少將的「陸將補」，實質上相當於旅級單位。

↓駐地位於木更津的第4反戰車直升機隊為吸引民眾目光，曾一度突破極限，成功造成話題。

藍天展翅　鐵翼凌空

當人類開始發展航空，向天空探索時，飛行器在軍事方面的運用也受到矚目。過去的日本陸海軍分頭摸索航空之路，依各自需求發展航空部隊，並未建立獨立空軍，直到戰後才在美軍協助下成立航空自衛隊。

陸軍與海軍先是共組「臨時軍用氣球研究會」，探討氣球、飛船、飛機在偵察等軍事任務上的運用，並於埼玉縣的所澤市開闢日本第一座飛行場。第一次世界大戰爆發後，日本陸軍成立「臨時航空隊」，派機前往青島與德軍作戰，是為陸軍航空部隊肇始。後來飛行兵種獨立成科，並成立「陸軍航空本部」，開始建構一套航空兵力系統。

至於日本海軍，則先成立「航空技術研究委員會」，於青島作戰派遣水上機母艦「若宮丸」搭載水上偵察機參戰。後來「橫須賀海軍航空隊」成立，開啟航空兵科的人員養成與發展，並摸索航空母艦在海軍作戰上的運用。原本只是當作艦隊決戰輔助的航空兵力，最後卻成為主宰海戰的關鍵，開啟一個新時代。

太平洋戰爭結束後，日本的航空事務歷經一段空窗期，直到要重新組建防衛力量時，才研擬成立新空軍。由於當時已進入噴射時代，即便草創期的種子隊員都是有經驗的前陸海軍飛行員，仍得依靠美軍實施復飛訓練。在幕僚人員方面，則由前陸海軍軍官各占一半，共同發展新時代的空防武力。

航空自衛隊於 1954 年正式成立，起初所用飛機皆來自美國空軍，後來則有授權生

產，同時發展自製機種。空自與美軍的關係十分密切，非常重視英語教育，並會派員前往美國接受訓練，時常參與聯合演習。日本國內各個飛行基地皆為舊陸海軍使用過的飛行場，其中三澤基地同時有空自與美國空軍的戰機部隊駐防，鞏固北疆防空。

為了促進民眾了解國防事務，航空自衛隊的各主要基地每年幾乎都會舉辦「航空祭」開放活動，對航空迷而言是一項盛事。不僅有地面裝備陳展、機動飛行展示，依據各基地駐防部隊的特色，還有許多獨一無二的亮點可看，例如「航空開發實驗團」所在的岐阜基地、美日共用的三澤基地、假想敵部隊「飛行教導群」所在的小松基地、「藍色衝擊小組」(Blue Impulse)

的本場松島基地等都值得前往。除此之外，配合各種週年紀念，不時還會推出特殊塗裝機，成為該年度話題。

藍色衝擊小組是空自的特技表演機隊，藍白塗裝的 T-4 教練機在空中編隊起舞，拉出尾煙描繪各種圖案，最能吸引民眾目光。每年 4 月是日本會計年度起始，各種時程規劃也會隨之公布。參考藍色衝擊小組的飛行表演年度排程，可知曉該年各主要基地開放的日期，預先排定賞機行程。

本章以航空為主題，除介紹空自的廣報館，也挑選幾個較具代表性的基地進行介紹，包括開放活動以及附近的航空博物館等。

於三澤基地航空祭執行單機性能展示的 F-35A 戰鬥機，
象徵空自新一代的空中主力。

航空自衛隊
濱松廣報館

航空自衛隊的濱松廣報館「Air Park」位於靜岡縣濱松基地旁，是一座頗具規模的飛機展覽館，陳列空自歷代使用的機型、防空飛彈、防空機砲，以及琳瑯滿目的各式裝備，相當值得細看。

#常設展示　#機種齊全　#超擬真飛行模擬器　#座艙開放　#零戰

　　濱松基地以前是日本陸軍的「濱松飛行學校」，主要培訓轟炸機組人員。戰後改由航空自衛隊使用，依然進駐飛行教育單位。目前第 1 航空團使用 T-4、T-400 教練機執行高級飛行訓練，學生在此完訓後，即可獲得飛鷹徽章，繼續前往部訓隊受訓。

　　濱松基地也駐有警戒航空團第 602 飛行隊的 E-767 預警管制機，是唯一使用該型機的基地，且全世界就只有這 4 架存在。濱松基地大多會在每年秋季舉辦開放活動，除了自衛隊機，美國空軍的「雷鳥小組」也曾經前來助陣。

　　濱松廣報館門口以飛行姿態展示一架 F-86F

駐濱松基地的 E-767 預警管制機，全世界只有 4 架，難得一見。

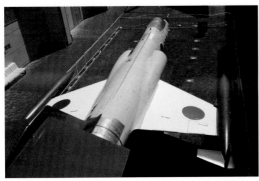

↑修改自 F-104J 的無人靶機，紅色尾翼與副油箱相當醒目。

↑已除役的波音 747 政府專用機貴賓室，
供天皇或首相出訪時搭乘。

藍色衝擊小組表演機，可說是該館的看板象徵。兩座展館之間的中庭，則有一架垂直尾翼漆成紅色的 UF-104J 無人靶機，這是 F-104J 在日本服役末期改造的機型，以硫磺島為基地，供其他戰鬥機進行實彈射擊訓練，僅有這架保留下來。

　　飛機展覽館內較值得矚目的，首先是吊掛在天花板上的零式戰鬥機五二型甲。這是日本戰後首架復原完成的零戰，為第 343 海軍航空隊飛行隊長尾崎伸也大尉座機，1944 年 6 月 19 日與美機交戰後迫降於關島，尾崎大尉陣亡。戰後關島政府發現這架飛機，決定將其送返日本，於原廠三菱大江工廠忠實復原。

　　另一架最近新增的展示機，則是 2021 年全數除役的 F-4EJ 改，這架 440 號機不僅是 F-4EJ

的最終量產機，也是全世界最後一架出廠的幽靈式戰鬥機。因其機號日語諧音，暱稱為「獅子丸」(Shi Shi Maru)，漆塗的是最終狀態的第 301 飛行隊塗裝。

　　館內還有陳展藍色衝擊小組歷年使用的 F-86F、T-2、T-4 表演機，且部分展示機會在座艙旁邊架設平台，除可就近端詳，也會開放來客進入座艙實際體驗。另外，大人小孩也有飛行衣及頭盔可租借，能穿上全套行頭在展館內盡情留影。走累了，還可以在 3 樓的富士觀景咖啡廳 (Fuji Sky Lounge) 享用咖哩跟咖啡，悠閒觀察濱松基地內的活動。賣店還有展售各種航空自衛隊紀念品，不用擔心空手而回。

　　展館一角有座 T-2 教練機的飛行模擬器，

↓以卸除多處蓋板方式展示的 F-1 支援戰鬥機，可細看發動機等內部結構。

陳列多架館藏飛機的展示廳，吊掛在天花板上的零戰相當醒目。

使用擬真座艙且會配合操作搖動，有 3 種難度可以選擇，非常具有挑戰性。在其他樓層，則有較適合小朋友的藍色衝擊 T-4 表演機模擬器，以及播放空自廣報影片的圓頂劇場，空戰訓練畫面頗具張力。館內還有日本自製的 F-2 原尺寸模型機展示，可以近距離端詳這型「平成零戰」。除此之外，曾在臺灣服役的 C-46 運輸機、勝利女神飛彈在館外也都有實體展示，另外還有陳展政府專機的貴賓艙，可體會一下國家級貴賓的尊榮感受。

濱松廣報館的經營十分用心，要保存珍貴的航空裝備、推廣相關教育，還是得依靠國家經費營運，才有辦法達到這樣的規模與水準，政府有無用心相當重要。

←暱稱「獅子丸」的最後一架 F-4EJ 改 440 號機，是最新館藏機型。

↑有些展示機的座艙在導覽人員駐點時會開放進入，此為 F-86F 表演機的座艙。

↑相當具有挑戰性的 T-2 飛行模擬器，可實際體會座艙中的手忙腳亂。

↑其他武器裝備展示區的防空用 20 公厘火神砲，目前已除役。

↑比較平易近人的藍色衝擊小組 T-4 模擬器，十分寓教於樂。

展示於戶外的 C-46D 運輸機，採「飛行點檢隊」的查核機塗裝。

交通指南

前往濱松廣報館，可搭乘東海道新幹線至 JR 濱松站，自第 14 號公車站牌乘坐遠鐵巴士往「せいれい病院 泉高丘」路線，在「泉 4 丁目」站牌下車後步行 10 分鐘即可抵達。開館時間為上午 9 點至下午 4 點，每週一及每月最後的週二休館，官方網站會公布開館詳情。

 航空自衛隊
濱松基地
（日文）

 航空自衛隊
濱松廣報館
（日文）

岐阜基地與
各務原航空宇宙博物館

位於岐阜縣各務原市的岐阜基地，是日本國內現存歷史最悠久的機場，目前由負責測試各種新型飛機以及航空裝備的「飛行開發實驗團」運用，留有多款原型機。

\#新裝備亮相時機　\#原型機大集合　\#異機種大編隊　\#飛燕二型　\#十二試艦戰　\#《飛龍女孩》

　　岐阜基地固定於每年 11 月舉辦開放活動，各式原型機、新型空用武器都有機會一次遍覽，參觀價值有別於其他基地。此外，岐阜基地也是電視動畫《飛龍女孩》的主要場景所在，許多角落在作品中都有忠實重現。

　　岐阜基地過去稱為「各務原飛行場」，是日本陸軍繼所澤飛行場後建立的第二座軍用機場，於 1917 年完工。在此同時，「川崎造船株式會社」也看中航空發展性，於 1921 年在各務原飛行場旁取得土地建立飛機組裝廠，引進法國技術發展航空工業。該公司的航空部門後來獨立為「川崎航空機工業株式會社」，陸續為陸軍提供九二式戰鬥機、九五式戰鬥機，以及著名的三式戰鬥機「飛燕」等液冷式戰鬥機。到了戰後，

←展示於川崎重工岐阜工廠新大樓內的藍色衝擊小組 T-4 表演機。

←岐阜基地內作為倉庫使用的古老棚廠,建於大正時代,在《飛龍女孩》也有出現過。

↓航空祭時比照《飛龍女孩》作品中機體製成的特殊塗裝,空自的公關手段可說是相當靈活。

川崎重工岐阜工廠除了授權生產各種軍用機,也有研發自製機型,包括 T-4 教練機、P-1 巡邏機、C-1 與 C-2 運輸機等。

參加岐阜基地航空祭時,可由名古屋搭乘 JR 東海道本線至岐阜站,換乘 JR 高山本線至蘇原站,或搭名古屋鐵道各務原線至三柿野站。空自會規劃一條通過川崎工廠的入場動線,該廠本部大樓玄關陳展一架屆齡除役藍色衝擊 T-4 表演機,作為參與航空產業的象徵。

↑ X-2 先進技術實證機曾在岐阜航空祭公開過數次,現已移至他處。

↑異機種大編隊是岐阜基地航空祭的最大特色之一，由各式原型機一同上場。機型包括 XC-1、XT-4、F-4EJ(已除役)、XF-2、F-15J。

↑新研製的 XASM-3-E 空射型超音速反艦飛彈，曾在岐阜基地首次對外公開。

↑岐阜基地還設有試飛員班，專門培訓試飛員，挑戰未知領域。

　　岐阜基地南側，有一座「岐阜各務原航空宇宙博物館」，簡稱「空宙博」，由岐阜縣與各務原市共同經營。設施包括戶外飛機展示場以及一棟分成兩個樓層的室內展館，收藏許多珍稀實驗機、原型機，以及太空宇宙相關展品。

　　館藏包括世界唯一完整現存的「三式戰鬥機二型 飛燕」，以無塗裝方式呈現機體原始樣貌。這架飛燕二型是 1944 年由岐阜工廠製造的追加原型機，生產序號 6117，隸屬陸軍航空審查部。戰後該機在福生飛行場（現橫田基地）被美軍接收，交還日本後輾轉展示於各地，2015年重回原廠大修並安置於此。

→位於基地西南角的三井山頂可以俯瞰整座基地，遠方可見製造 P-1、C-2 大型機的川崎重工廠房。

Map
三井山頂
攝影點位置

←零戰的原型機十二試
艦戰木製模型，做工相
當精緻。

→以無塗裝狀態展示的三式
戰鬥機飛燕二型，呈現最真實
的樣貌。

←仿製法國薩爾牟遜 2A-2 的乙式
一型偵察機，是日本陸軍最早期的
自製機型。

↑岐阜各務原航空宇宙博物館收藏的展示機相當豐富,且多為原型機、實驗機。

　　飛燕展廳的天花板吊掛一架「十二試艦上戰鬥機」原尺寸木製模型,它是零戰的原型機,1939 年在三菱的名古屋工廠完成後,以牛車運送至各務原飛行場完成首飛。十二試艦戰使用 2 葉螺旋槳,若干細節也與量產型零戰不同,此模型皆有忠實重現。

↑日本為國際太空站打造的希望號實驗艙,館內與太空相關的展品相當豐富。

交通指南

前往「空宙博」,可在名鐵車站「各務原市役所前」轉乘公車,不過班次非常少。自車站步行約一小時也能抵達,途中還會經過岐阜基地跑道頭,以及制高攝影點三井山,可彈性安排。

航空自衛隊
岐阜基地
(日文)

岐阜各務原
航空宇宙博物館
(日文)

小牧基地與
愛知航空博物館

大型機也瘋狂　　# 空中加油秀
黑鷹模訓館　　# 新造 F-35A 離巢地

小牧基地位於愛知縣小牧市內，與縣營名古屋機場共用跑道。駐紮飛行部隊包括第 1 輸送航空隊底下的第 401 飛行隊（C-130H ／ KC-130H）、第 404 飛行隊（KC-767），以及航空救難團的救難教育隊，平常可見機型大多是運輸機與空中加油機。

名古屋機場原本是中部地區的空中交通樞紐，1994 年的華航名古屋空難就是發生在此，當時還借用小牧基地的棚廠與體育館暫時安置遺體。等到位在海上的中部國際機場完成後，此機場的民航重要性便降低，目前僅有「富士夢幻航空」持續經營地方航線。

另外，三菱重工的小牧南工廠也位在此地，由該廠完成最後組裝的 F-35A 戰機皆由此出廠試飛。研發失敗的 MRJ 區域航線噴射客機原本也將生產總部設置在這裡，當時還有規劃工廠導覽見學服務，如今已成夢幻泡影。

← T-4 表演機後方可見三菱研製失敗的 MRJ 區域航線噴射客機，原本規劃以此處作為生產基地。

↑小牧基地內的 F-86D 展示機，漆有鯊魚嘴。　　　↑戰爭時期留下的掩體壕（機堡），擺放除役教練機展示。

C-130H 隸屬
第 401 飛行隊

← C-130H 編隊解散，展現其優異
的機動性。

↓ C-130H 先在滑行道上倒退嚕，
再一口氣加速前進，利用慣性自
貨艙快速下卸酬載。

←由 KC-767 對來自岐阜基地的 F-2A 原型機
進行模擬空中加油。

↓以 UH-60J 搭配 U-125 構成的搜救組合，
按最新防衛政策規劃，U-125 即將汰除以節
省人力，此景未來將不復見。

KC-767 隸屬第 404 飛行隊

←救難模訓館內有 UH-60J 的模擬機，駕駛艙段會隨
操作搖動，基地開放時有機會實際體驗。

往年小牧基地開放活動通常不會吸引太多
人潮，但加油機、運輸機等大型飛機仍會使出渾
身解數，展現模擬空中加油、機動飛行等科目。
若有其他較特別的外場機前來支援，也是很有
看頭。除此之外，救難教育隊的模訓館也設置
在小牧基地，內有 UH-60J 的飛行模擬器，基地
開放時有機會讓民眾觀摩試乘。

縣立「愛知航空博物館」緊鄰名古屋機場，
除了展示機外，也著重教學體驗，不僅有適合
低齡學童的飛行模擬器、航空實驗教室，還有
一般人士也能參加的修護體驗，有專人解說飛
機拆解後的各部結構，且能實際操作維修工具。

以棚廠改裝的展示機棚，主要陳列 6 架飛
機，以及 1 架原尺寸零式戰鬥機模型。除了戰

後最具代表性的自製客機 YS-11 外，大多是三菱研製後商業化失敗的機型。

博物館頂樓是能眺望整座機場的觀景台，

除了自衛隊機與客機外，還能看到各種警消、民用直升機與小型飛機，並有機會捕捉新出廠 F-35A 試飛身影。

交通指南

前往愛知航空博物館，可自名古屋站搭乘開往機場的巴士，小牧航空祭時則由名鐵小牧線牛山站或間內站步行前往基地，交通尚屬方便。

航空自衛隊
小牧基地
（日文）

愛知航空博物館
（日文）

←由個人打造的零戰五二型原尺寸模型，曾出借供電影《永遠的0》拍攝使用。

↓愛知航空博物館的 YS-11 展示機，是昭和天皇曾搭乘過的貴賓行政機。

藍天展翅　鐵翼凌空

百里基地——
幽靈式的故鄉

位於茨城縣小美玉市的航空自衛隊百里基地，是關東地區唯一有戰鬥機部隊駐防的空自基地，目前由第7航空團的第3飛行隊使用F-2戰鬥機肩負首都防空重任。

緬懷幽靈式
最近很多外國戰機來
茨城機場

←機場航站旁的公園，陳列1架F-4EJ改與1架RF-4EJ，供人緬懷往日幽靈盛況。

　　由於空自最早換裝、最後還在使用幽靈式戰機的實戰部隊第301飛行隊，是在百里基地起始與結束幽靈生涯，且使用RF-4E的偵察航空隊第501飛行隊也長期駐紮於此，再加上以幽靈式為主角的經典漫畫《空中雙響炮》加持，使得百里基地與幽靈戰機的印象連結可謂十分強烈。2020年前幽靈系列即將除役時，曾有多款彩繪機亮相，空前盛況深深烙印在航迷心底。

↑幽靈式的運用在百里基地有始有終，令人留下深刻印象。

第302飛行隊F-4EJ改除役前的紀念塗裝機，以黑白兩色為基底搭配隊徽白尾海鵰圖案。

↑放出阻力傘降落百里的RF-4E幽靈式偵察型，為服役最後時期的紀念塗裝，背景為筑波山。

←↑偵察航空隊的特技之一，就是在航空祭時低空飛過會場，拍照後立刻卸下底片沖洗，並迅速貼出空拍照片。

　　百里基地以前稱作「百里原飛行場」，是「百里原海軍航空隊」所在地，負責日本海軍的艦攻、艦爆機訓練任務。戰爭末期，使用載人飛彈「櫻花」特攻機的第721海軍航空隊在百里原編成，之後也編組其他特攻隊參與菊水作戰。

　　百里原飛行場在戰後一度荒廢，航空自衛隊成立後，由於緊鄰住宅區的入間基地在地方政府協議下不得常駐戰鬥機，因此才又重新建設百里基地，以擔綱關東地區防空，但也與左翼的基地反對派產生糾紛。

↑第301飛行隊為F-4EJ改收尾的紀念塗裝機，因疫情影響，公開機會相當有限。

↑ 2022 年 9 月，由德國空軍總監親自駕機前來訪問的歐洲戰機（德國不稱颱風式）。

↑ 第 7 航空團第 3 飛行隊的 F-2 戰機是目前百里基地主力，擔綱首都防空。

↑ 2023 年 1 月，印度空軍前來與空自共同訓練的 Su-30MKI 戰機。

↑ 茨城機場的頂樓觀景台，由於鄰近動畫《少女與戰車》的場景大洗町，因此也有不少相關圖樣。

在航迷間頗負盛名的「一望百里」攝影點，其實是反對派持有的飛地，迫使滑行道必須轉折成ㄑ字形，無法在緊急時充當備用跑道。雖然這個打著「和平公園」名號的地點拍機條件絕佳，但由於管理團體的宗旨是反對基地、反自衛隊，繳納入場費並利用場地等於贊同其理念，因此真心支持國防的日本航迷多半感到不齒。要在這裡拍飛機，最好先了解這段背景。

百里基地近年發展為軍民共用，開設茨城機場並有國際航班，以虎航與臺灣聯結。然而，茨城機場雖號稱是分擔羽田、成田機場運量的首都圈航空站，但不僅所在位置十分尷尬，軍民共用也讓航班數量受到限制，實際效益存疑。不過茨城機場頂樓的觀景台頗利拍機，機場旁的公園不僅展示兩架幽靈式，也有一座小土丘適合攝影，因此有活動時航迷總是會大批造訪。

除了航空祭之外，近年前來日本交流的外國空軍也常蒞臨百里基地。包括德國空軍的歐洲戰機、印度空軍的 Su-30MKI 戰機等，都讓眾多航迷在這個連航空自衛官都戲稱為「陸上孤島」的基地掀起一陣狂熱。

交通指南

離茨城機場最近的 JR 車站是常磐線的石岡站，有公車路線構連，另外也有高速巴士開往水戶與東京，但班次很少。茨城機場航站內的商店有販賣一些空自相關紀念品，機場附近的百里神社也有空自飛機圖案的「御朱印」(參拜證明) 可供收藏。但因百里神社處於半荒廢狀態，御朱印是由附近較具規模的素鵞神社代為授予，搭乘公車在「小川中央」站牌下車可步行到達。

Web
茨城機場
（中文）

Web
航空自衛隊
百里基地
（日文）

小松基地—
飛行教導群

駐石川縣小松基地的「飛行教導群」，是航空自衛隊的假想敵部隊，隸屬航空總隊麾下的「航空戰術教導團」，所屬隊員都是技術頂尖的戰鬥機飛行員。他們使用的 F-15J/DJ 戰鬥機會漆上色彩搶眼的特殊塗裝，以便識別敵我，是航迷與模型迷津津樂道的對象。

鷹巢　# 空自 TOP GUN　# 模型很難噴

　　飛行教導群除了從事空中戰技研究，也會派往各基地進行指導，扮演假想敵以訓練全國戰鬥機部隊及警戒管制隊，一般稱為「Aggressor（入侵者）」。

　　欲加入飛行教導群，除了駕駛技術必須高超，還得獲得其他隊員認可，一般都是主動挖角，不是想去就能去。加入教導群後，除了進一步提升飛行技術，還得磨練纏鬥邏輯與指導能力，必須要能清晰爬梳敵我操作理路。這對剛加入的飛行員而言，是極具挑戰性的關卡。

　　飛行教導群的眼鏡蛇隊徽，代表「猛毒殺敵智力高，後背警戒不輕瞧」。至於飛行員佩戴的骷顱頭徽章，則是用以警惕空戰落敗的下場。實際走訪小松基地航空祭，接觸飛行教導群的隊員，確實可以感受到他們散發一股出眾的菁英氣息。

←飛行教導群使用的 F-15J/DJ 塗裝相當醒目，且會不時更新，是航迷與模型迷樂於挑戰的對象。

↑小松基地的飛行教導群與第6航空團皆使用 F-15J/DJ，堪稱「鷹巢」。

↓→各種不同款式的假想敵塗裝。

飛行教導群的眼鏡蛇隊徽

飛行教導群的骷顱頭胸章

↑小松基地的除役展示機。

→飛行教導群以骷髏骸骨象徵空戰飛行與死亡時刻比鄰，警惕人員切莫粗心，隊員散發的氣息與眾不同。

↑地面裝備展示可以看到包括發動機在內的各種 F-15 戰機部件。

↑機砲射擊訓練用的 A/A37U-36 拖曳標靶，不太常展示。

　　然而，再精銳的飛行員也難保萬無一失，2022 年 1 月 31 日，當時的一佐（上校）群司令與另名隊員駕駛 F-15DJ 32-8083 號機自小松基地起飛，準備進行訓練，卻在 1 分多鐘後因空間迷向失事墜海，2 人皆告殉職。以小松救難隊為主角的電視動畫《復蘇的天空 救援之翼》，十分真實地描寫航空救難隊員面對各種狀況的心境，也不避諱戰機失事與人員殉職情節，即便是將近 20 年前的作品，依舊值得一再回味。

　　面向日本海的小松基地除了飛行教導群之外，還有實戰部隊第 6 航空團駐防，下轄操作 F-15J/DJ 的第 303、306 兩個飛行隊，對來自北面的威脅執行防空攔截任務。基地跑道為軍民共用，小松機場是北陸地區最大的民用航空站，

鄰近加賀溫泉、金澤市、富山市等觀光區，有長榮航空及虎航聯結桃園機場。小松基地航空祭多在秋季舉辦，除了可以遍覽飛行教導群的特殊塗裝機，藍色衝擊小組、美國太平洋空軍 F-16 性能展示小組、岐阜基地的原型機也會飛來支援，空中科目頗為豐富。

交通指南

建議直接飛小松。

Web　小松機場（中文）

Web　航空自衛隊小松基地（日文）

三澤基地與航空科學館

三澤基地位於本州最北端的青森縣，冷戰時代至今皆是美軍在西太平洋的北面防空要衝，曾於韓戰時期扮演重要角色。共同使用該基地的航空自衛隊，是在 1958 年成立北部航空方面隊司令部時才正式進駐，除了空自與美國空軍之外，三澤基地尚有美國海軍航空隊、情蒐部隊與少數陸軍與陸戰隊駐紮，並有民用航空站。

#美日共用　#美軍珍稀機型　#F-16 單機特技　#空自 F-35A　#全球鷹　#機場與車站旁邊有溫泉

美國空軍駐防三澤基地的是第 35 戰鬥機聯隊，下轄第 35 作戰大隊，指揮第 13、14 戰鬥機中隊，配備 F-16CJ/DJ Block50，主要負責執行制壓敵防空網（SEAD）的「野鼬任務（Wild Weasel）」，因此垂直尾翼識別代碼為「WW」。三澤是日本少數配置大量抗炸機堡的基地，戰機飛行員待命室和簡報室、辦公室等設施全都位於地下，並有防護堅固的戰情中心，呈現濃厚的冷戰前線氛圍。

航空自衛隊駐防三澤基地的飛行作戰部隊是第 3 航空團，下轄第 301、302 飛行隊。這兩支飛行隊先後於 2019 年、2020 年自 F-4EJ 改換裝為 F-35A，並從百里調至三澤，目前已能肩負警戒任務。

↑美日共用的三澤基地大門口，開放活動是由航空自衛隊主辦。

→美國空軍第 35 戰鬥機聯隊的迎賓碑。

↑壯觀的 F-35A 戰機 12 機大編隊，展現空自新一代戰力。　↑隸屬第 301 飛行隊的 F-35A，尾翼仍保留青蛙隊徽。

除戰鬥機外，三澤基地也有直屬航空總隊的預警機部隊與偵察航空隊；前者使用 E-2C 預警機，並陸續接裝 E-2D 型，後者則是取代原本使用 RF-4E/EJ 的第 501 飛行隊，2022 年於三澤重新編成，使用 RQ-4B 全球鷹無人偵察機，日本總共採購 3 架。

三澤基地每年 9 月初會定期舉辦基地開放，由於可以看到各型美國空軍、海軍支援展示的機種，因此特別有看頭。歷年曾參與展示的機型包括 A-10、B-1B、B-52，甚至是像 NASA 的 WB-57F 高空研究機這種極罕見機都出現過。

駐日美軍基地近年因應國際情勢，開始限制美、日國籍以外人士參觀基地開放，不過各軍種做法不盡相同。然而，由於三澤基地航空祭是由航空自衛隊主辦，因此目前並無太大影響，是近距離見識各型美軍飛機的最佳機會之一。

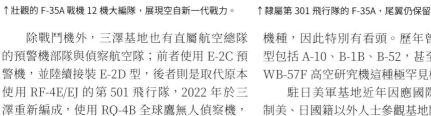

←來自韓國烏山基地的美國空軍 A-10 攻擊機。

↓美國空軍的 B-1B 超音速戰略轟炸機。

↑美國空軍的 B-52H 戰略轟炸機。

→美國太空總署（NASA）所屬的 WB-57F 高空研究機，
仍可看見一點過去國軍曾用 RB-57D 偵察機的影子。

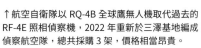

↑航空自衛隊以 RQ-4B 全球鷹無人機取代過去的
RF-4E 照相偵察機，2022 年重新於三澤基地編成
偵察航空隊，總共採購 3 架，價格相當昂貴。

←美國空軍的 CV-22B 特戰型，背景為藍色衝擊
小組畫出的一箭穿心。

←相對於飛得比較保守的航空自衛隊，美國太平洋空軍的 F-16 單機性能展示小組總是竭盡所能展現狂野。

↑→除了飛行科目之外，各型空用武器陳展以及潛力裝掛展演也相當有看頭。

←飛行警戒監視群第 601 飛行隊的 E-2D 預警機，於 2023 年的航空祭展示 40 週年紀念塗裝。

→美國海軍會輪調各部隊的 EA-18G 咆嘯者式電戰機前來三澤駐防。除了航空祭之外，平日在三澤機場頂樓觀景台也可觀看日常訓練。

三澤航空科學館外的展示機。

　　在三澤基地旁邊，有一座航空科學館，館外陳列多架美、日軍機，有些展示機的座艙也開放進入。館內展示機則包括 YS-11、史上第一架成功不著陸飛越太平洋的「維多爾小姐號（Miss Veedol）」複刻機，以及長途飛行實驗用的「航研機」複刻機等。

↑科學館 F-104J 等展示機的座艙可以進入試乘，並有館方人員解說。

↑東京帝國大學（現東京大學）航空研究所設計的「航研機」複刻機，該機曾於 1938 年創下連續滯空繞圈飛行 11,651.011 公里、1 萬公里航路平均時速 186.197 公里的世界紀錄。

交通指南

前往三澤，可搭乘東北新幹線至 JR 八戶站，換乘青森鐵道至三澤站，或從青森市方向進入。
車站及機場旁邊有溫泉，三澤市也鄰近奧入瀨溪流與十和田湖觀光區，是賞機避暑的好去處。

Web 航空自衛隊
三澤基地
（日文）

Web 三澤機場
（中文）

Web 青森縣立
三澤航空科學館
（可選擇中文）

松島基地——
藍色衝擊大本營

專用棚廠旁的停機坪，2020 年為了東京奧運相關表演，特別準備另外 6 架機組。

「藍色衝擊」是航空自衛隊的特技飛行小組，正式部隊番號為第 11 飛行隊，隸屬第 4 航空團，駐地位在宮城縣的松島基地。除了在年度各種活動中有機會看到他們表演，平時前往松島基地也能在場外觀賞其日常訓練。

藍天為畫布　# 場外可觀賞　# 順便吃牡蠣

藍天展翅　鐵翼凌空

藍色衝擊小組目前使用的 T-4 表演機暱稱「海豚」，除了漆上藍白塗裝，也有針對特技表演進行一些改造。包括加裝噴煙裝置、放寬方向舵作動角度限制、增厚風擋加強抗鳥擊能力、加裝近地警告器等，與一般 T-4 教練機有所區別。

航空自衛隊草創期，有位赴美接受 F-86F 軍刀機訓練的飛行員，見識美國空軍雷鳥小組的特技表演後深感佩服，返國擔任教官時決定

↑離松島基地最近的 JR 矢本站，藍色衝擊小組已成觀光招牌。

JR 仙石線的鹿妻站旁有陳列一架 T-2 表演機。

↑矢本站旁的商店有販賣許多藍色衝擊紀念品。

↗連人孔蓋都採用藍色衝擊意象設計。

→基地外圍可以拍到不同於航空祭場內的景象。

揪同袍一起練習特技飛行。後來特技訓練獲得高層認可，逐漸嶄露頭角，在源田實（前帝國海軍航空參謀，戰前曾在海軍航空隊編組「源田馬戲團」特技飛行隊）航空幕僚長推動下，於 1960 年正式成立飛行特技小組。小組起初稱為「空中機動研究班」，後來以無線電呼號取暱稱為「Blue Impulse」，按取名者敘述文脈，中文應譯為「藍色衝擊」。

　　藍色衝擊小組起先使用 F-86F，曾在 1964 年第一次東京奧運會開幕典禮會場上空噴煙畫出五環圖案，因而揚名世界。到了 1982 年，表演機換成日本自行研製的 T-2 超音速高級教練機，展現航空工業實力，本場也從濱松基地轉換至松島基地。

藍色衝擊小組有一座專用大型棚廠，前方的波音 787 是 2020 年自希臘迎回奧運聖火的專機，由 JAL 和 ANA 打破藩籬攜手運航。

↑四機菱形編隊，塗裝搭配藍天白雲甚是美麗。

→向上開花課目，天候較佳時的第 1 及第 2 區分包括許多立體動作。

　　1995 年，表演機由現行的 T-4 接棒，人員體制也有進行調整。以往小組成員是由飛行教官兼任，必須顧及一般訓練任務，負擔較為沉重。目前的藍色衝擊小組則是特技表演專用部隊，隊員任期也以 3 年為限，期滿後會回歸戰鬥部隊。

　　2011 年的 311 東日本大震災，海嘯直接吞沒松島基地，造成 F-2B 等多架飛機損毀。當時藍色衝擊的表演機組為了慶祝九州新幹線開通，提前進駐福岡縣的蘆屋基地，因而逃過一劫。松島基地經過復原並加強海嘯防護對策後，於 2013 年重新迎回藍色衝擊小組。

↑慶祝第二次東京奧運的飛行展示，特別啟用改良配方的彩色噴煙。

→藍色衝擊小組專用棚廠前的大坪緊鄰基地外的堤防，站在堤防上可不受柵欄阻擋，直接以齊平視線觀看機務作業，隊員也會親切地與來客互動。

Map 堤防
攝影點位置

五芒星課目，繪圖範圍相當大。

若想欣賞藍色衝擊的飛行表演，除了航空祭與其他預畫活動，松島基地也會在網站公布本場上空的訓練時程。挑好時間造訪基地外圍，就有機會看到全套表演。藍色衝擊小組的表演始於地面登機，有專屬音樂與司儀介紹成員及課目，一般會派出6架表演機加上1架預備機。依據天候狀況，表演課目分為「1～4區分」（相當於我空軍雷虎小組的甲案、乙案之分），晴空萬里時可行整套立體動作，雲幕較低時則改成平面模式。

↑雙機交錯通過的驚險瞬間。

→松島基地附近的公園，以表演意象設計裝置藝術。

交通指南

前往松島基地，可搭乘東北新幹線至 JR 仙台站（或直飛仙台），換乘仙石東北線至矢本站，再步行前往基地周邊。藍色衝擊的專用大型棚廠旁有一道堤防，可就近觀看機隊開車滑出場景。本場訓練時音樂與司儀皆按實際流程廣播，即使在基地外也能清楚聽見。仙石線途中會經過著名的「日本三景」松島名勝，在松島海岸站下車即可抵達，可一併規劃行程。

**航空自衛隊
藍色衝擊小組（日文）**

可查詢年度表演排程。

**航空自衛隊
松島基地（日文）**

可查詢平時飛訓時程。

老司機帶路
基地開放怎麼玩？

↑ 美軍基地很能玩。

　　參加日本各航空基地的開放活動，可依目的調整行程與步調；如果只是想要悠閒體驗有飛機同在的氛圍，可以挑選不是那麼熱門的偏遠基地，放慢步調輕鬆走看，例如青森縣的海上自衛隊八戶航空基地，在許多外場機支援之下，展示內容依舊豐富。

　　然而，如果是鐵桿航迷，想拍出賞心悅目的鐵鳥美圖，那就得要事先做足功課，除了研究展示內容亮點、會場順／逆光方位、跑道常用起飛方向、最佳交通方式之外，若要前往熱門基地，還得提前安排住宿。以三澤基地為例，由於每年舉辦時期相仿，因此三澤市內為數不多的旅館通常都會在前一年就被訂滿，只能住在新幹線車站所在的八戶市，當天再搭首班列車前往三澤市。若提前幾天抵達，也可在場外攝影點捕捉外場機飛來的身影，以關鍵字「○○基地撮影ポイント」上網搜尋即可找到許多鉅細靡遺的指引。

　　開放活動當天，若是搭乘大眾交通工具，一定要搶第一班車，且通常都會爆滿。熱門基地在表定開門時間前幾個小時便會大排長龍，開門之後還要通過隨身物品安檢才算順利過關。關於隨身物品的限制事項，各基地每年的規定都不盡相同，必須先行上網確認。尤其像是地墊、踏腳梯、無線電接收器等物，限制常會有異動。

　　進入基地後，如果想拍攝飛機在跑道上的起落畫面，要盡可能推進至大坪管制線前的「海景第一排」。有安排飛行表演的飛機或藍色衝擊小組，會在大坪上開伸後滑出，因此這些飛機的正前方也是兵家必爭之地，很快就會被填滿。

↑ 熱門基地一早就會大排長龍。

↑ 各式紀念品攤位琳瑯滿目。

↑搭乘這種巡遊列車可以觀看展示機的尾部。

←小朋友限定的機背行走體驗。

→三澤、橫田有機會體驗A-10戳戳樂。

　　如果想要遍覽所有展示機與棚廠內的展示裝備，則得先行研究飛行展示排程，找尋空檔伺機而動，大坪來回走個兩三趟可是相當耗費體力，開放內艙參觀的飛機也得排上一陣子。

　　雖然基地會招攬許多飲食業者設攤，但在空檔時間通常都會大排長龍，可以先行準備糧食，或是做好「吸滿 JP8 氣息就能飽」的覺悟。若是三澤、橫田等美軍基地，則可一嘗其特有

的大披薩，或是其他美式小吃，在日本過過美國時間。

　　若有藍色衝擊小組表演，通常會吸引較多一般民眾前來觀賞，表演結束後大部份觀眾也就準備打道回府。然而，鐵桿航迷此時當然是要觀察哪幾架外場展示機準備伸開離場，在宣告活動結束的「螢之光」音樂聲中，捕捉最後難得畫面，才能心滿意足揮別基地。

↑在暮色中揮別外場展示機。

↑橫田基地開放到晚上，宛若夜市，還會放煙火。

美軍基地到底還能不能進去？

駐日美軍基地近年開始限制非美日國籍人士進入參觀，然而各軍種的作法卻不盡相同。2023 年的岩國基地友誼日（美國陸戰隊主辦）就有許多特地前往的臺灣航迷吃了閉門羹，不過美國空軍的橫田基地卻還是有開放。三澤基地由於是空自主辦，因此沒有限制。有鑑於此，若要安排行程，最好事先徹底確認比較保險。

第二次世界大戰結束後，日本在駐日盟軍總司令部（GHQ）統治下，推動「非軍事化」與「民主化」，面臨不下於明治維新的國家改造。不僅過去的軍國主義色彩遭到抹除，連憲法都整個改寫，以尊重基本人權、主權在民、和平主義為基調。在戰後的和平教育下，大部份日本人都對軍事事物敬而遠之，自戰場歸來的人，也多半三緘其口不願多談，久而久之便形成記憶斷層。

在這種對戰爭過敏的環境下，要成立保存戰時文物的博物館實非易事，只能靠有心人士自力蒐集，以及地方政府各自努力。在日本，與戰爭事物有關的展示館多半會賦予和平紀念、技術保存的名義，不過也有像靖國神社這樣的異色存在。本書最後一章，便要介紹幾處較具代表性的展館。參觀這些展覽館時，除了遍覽館藏裝備之外，也能細品看待戰爭的各種不同角度。

↑載人飛彈「櫻花」在日本國內的唯一實機，保存於空自入間基地的修武台紀念館。此機以大部分解方式展示，並有說明板標示原件與重製部位。前方深灰色物體是它的 1,200 公斤穿甲彈頭。

Web

修武台紀念館
（日文）
只能透過電子郵件申請參觀，
或等特定活動開放。

↑日本各道、府、縣幾乎都有類似忠烈祠的「護國神社」，祀奉當地出身的陣亡將士。護國神社境內通常會有一些紀念碑與小型展示設施，此為宮崎縣護國神社的展覽館。位於臺北市大直的國民革命忠烈祠過去也是臺灣護國神社所在地。

←宮崎機場旁的零戰用掩體壕（機堡）。

靖國神社 遊就館

即使不熟神道信仰，在新聞中多少都會聽過「靖國神社」這個名號，知名人物，尤其是日本的政治人物前往參拜，往往引起一陣漣漪。關於靖國神社的爭議，各方立場都有其見解，在此僅作簡單介紹。

＃常設展示　＃東京都內　＃賞櫻名所　＃零戰　＃彗星　＃櫻花　＃回天　＃九七式中戰車

靖國神社位於東京都千代田區九段坂，原本是由明治天皇勅令建立的「東京招魂社」，祭祀幕末動亂與戊辰戰爭的陣亡者。後來升格正規神社，取名「靖國」，代表「安邦治國」之意。靖國神社長年由陸海軍共同管理，是「國家神道」的象徵，供奉明治維新以來為國捐軀的軍人及軍屬（包括臺灣籍日本兵及朝鮮籍日本兵），天皇與政要都會親自參拜。

二次大戰結束後，遵循戰後憲法政教分離原則，靖國神社改組為單立宗教法人，既不屬於國家，也不屬於以伊勢神宮為宗的神社本廳系統，成為一個特別的存在。

1978 年之後，因為被遠東國際軍事法庭定罪的 14 名甲級戰犯入祠靖國神社引發爭議，昭和天皇自此未再親拜。平成天皇在位時曾四處走訪國內外遭受戰禍之地進行弔慰，每年 8 月

↑神社內的櫻花樹多有其象徵部隊，進入神門右手邊第二棵的「神雷櫻」，是使用載人飛彈「櫻花」的「神雷部隊」相約再會之處。

↑過去的遊就館本館建築，一樓為藏書豐富的偕行文庫，目前的新館在其右側。

←展示於遊就館玄關大廳的零戰五二型，以回收自拉包爾的多架殘骸拼湊復原。

→戰艦「陸奧」的14公分副砲，自殘骸打撈。

←自塞班島送返的戰車第9聯隊所屬九七式中戰車。

←吊掛於大展示室的載人飛彈「櫻花」複刻機，是特攻兵器的最佳象徵。松本零士的漫畫短篇《音速雷擊隊》令人印象深刻。

↙載人魚雷「回天」實物，同樣也是知名特攻兵器。

↑在臺灣也留有許多儲放坑道的特攻小艇「震洋」複刻品。

←回收自加羅林群島雅浦島的「彗星」艦爆，是唯一完整現存的液冷式「彗星」。

15日「終戰紀念日」也會參加國家主辦的全國戰歿者追悼儀式，但就是沒有親拜過靖國神社。戰後作為日本國家與國民總體象徵的天皇，決定採行如此作法，值得深思體察。

靖國神社附屬的展示設施「遊就館」，名稱取自《荀子》勸學篇的「君子居必擇鄉，遊必就士」。館內除了展示許多武器及戰爭遺品，也有詳述其歷史觀點，可藉此了解其中一種詮釋立場。

遊就館玄關大廳陳列一架自殘骸復原的零式艦上戰鬥機五二型，以及用於泰緬鐵路的蒸汽機車頭、沖繩戰役使用的火砲等。若要參觀內部展示館，則需購買門票。館內大展示室主要陳列一架「彗星」艦上爆擊機一一型，以及九七式中戰車、載人魚雷「回天」一型改一、載人飛彈「櫻花」複刻機、特攻小艇「震洋」一型複刻品、戰艦「陸奧」14公分副砲、九三式魚雷三型等。遊就館旁的「偕行文庫」，是一座藏書豐富的戰史圖書館，能查閱各種戰史資料，館藏目錄可於靖國神社網站檢索。

靖國神社位處東京都心，交通相當方便，最近車站是地下鐵的九段下站與JR市谷站。神社境內遍植櫻花樹，且宣告東京都進入開花期的「標本木」也位在此處，是知名的賞櫻地點。戰爭時期，軍人常說相約靖國再見，就是期望陣亡後能化作枝頭春櫻，年年綻放守護後世。

河口湖自動車博物館・飛行館

富士山麓是日本一大避暑勝地，清幽的山林間，卻藏著一座神秘的飛機展示館。對舊日本軍機有研究的航空迷，多少都曾耳聞這座每年只在 8 月開放的私人博物館，其館藏相當豐富，且會連年更新修復進度，相當值得一探。

#8 月限定開館　#二戰飛機館藏豐富　#零戰　#一式戰　#櫻花　#一式陸攻　#彩雲

　　河口湖自動車博物館・飛行館館長經營汽車相關產業，在河口湖附近開設一座「自動車博物館」，展示各種年代的汽車收藏。同時他對飛機也有興趣，認為四散各地戰場的飛機殘骸有如戰士骨異鄉，必須慎重將其迎回故土。

　　有別於日本其他展館的飛機陳列方式，以鐵皮搭建而成的「河口湖飛行館」比較像是一座維修棚廠，配合飛機復原進度，每年陳展樣貌都不盡相同。館藏大戰時期日本軍機，主要包括三架零式艦上戰鬥機、兩架一式戰鬥機「隼」、一架一式陸上攻擊機的機身，以及最近正在修復的艦上偵察機「彩雲」。除了零戰之外，其他皆為日本國內唯一可見的實機形體，因而彌足珍貴。

↓陳列於地面的一式戰鬥機「隼」二型，吊掛於天花板的則是「隼」一型，發動機與螺旋槳皆不相同。

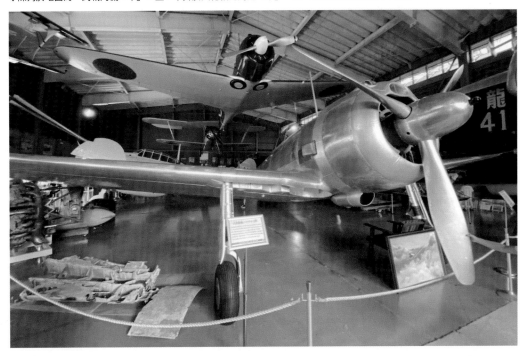

←陳列於屋頂上的空自F-104DJ。

→這具一式陸攻二二型的復原機身是世界唯一的展示品,連內部構造都有重現。

←近年開始修復的艦上偵察機「彩雲」機身。

　　館藏零戰為一架完整狀態的二一型、一架除去蒙皮露出骨架的二一型,以及一架五二型。除此之外,靖國神社遊就館玄關展廳的那架五二型也是由河口湖飛行館修復後捐獻展出。至於一式戰鬥機「隼」,則有一架早期使用二葉螺旋槳的一型,以及換裝發動機與三葉螺旋槳的二型。

　　除了自殘骸修復的軍機,館內也有展示一些復刻機,包括暱稱「紅蜻蜓」的九三式中間練習機,以及載人飛彈「櫻花」特攻機。此處的「櫻花」與遊就館展示機一樣都是復刻品,日本國內唯一保留的實機則收藏於航空自衛隊入間基地的「修武台記念館」內,只有特定時機才會有限度開放參觀。

　　河口湖飛行館也收藏不少民用輕型機與自

↑漆成早期全銀搭配紅色機尾「保安塗裝」的九三式中間練習機復刻品。

↑「櫻花」的復刻機，吊掛於一式陸攻上方，兩者同框更顯悲壯。

←濃綠色塗裝的零戰五二型，此機使用「榮」三一型甲發動機，有別於一般五二型。

←↑原件比例高達九成的零戰二一型，裝有原版「榮」一二型發動機，主翼端摺疊機構也精巧復原。塗裝漆成開戰初期航空母艦「赤城」的指揮官機。

衛隊的退役機，包括 F-104J、F-86F、T-33A、C-46 等， 戶外展區還有許多不完整機體可供航迷尋寶。若對發動機構造有興趣，館藏也有許多大戰時期日軍用過的液冷、氣冷發動機，以各種狀態呈現，十足具有維修工廠氛圍。

交通指南

最近的鐵路車站為富士急行線的河口湖站。若從東京都內出發，除了搭乘電車，也能從新宿坐高速巴士抵達該站。自河口湖站可以乘坐免費的富士櫻高原巡迴巴士，於「京王第 1 次入口」站牌下車即可到達該館。須注意巴士一天只有 5 班，且乘車地點在車站對面的大樓後面，時間行程得妥善掌控。

Web 河口湖飛行館（日文）

Web 富士櫻高原巴士時刻表（日文）

所澤航空發祥紀念館

1909 年，日本陸軍與海軍共同成立「臨時軍用氣球研究會」，開啟航空發展之路。為了取得供氣球、飛船、飛機使用的場地，研究會於埼玉縣入間郡所澤町（現所澤市）購入土地，在 1911 年開闢日本首座專用飛行場。

#鄰近東京都　#日本最早飛行場遺址　#認識航空歷史

鑑古思今 戰爭爪痕

航空先驅德川好敏大尉（1910 年於代代木練兵場完成日本國內首次動力飛行）駕駛法製亨利・法爾曼雙翼機，在所澤飛行場完成高度 10 公尺、距離 800 公尺、滯空時間 1 分 20 秒的首次測試飛行。

之後，所澤飛行場便用於測試飛機、飛船，以及訓練航空兵，設有陸軍飛行學校。戰後被美軍接收，設置所澤通信基地，直到 1970 年代才將大部分土地還給市民，闢為縣營「所澤航空紀念公園」。公園內除有相關紀念碑，還有一座「航空發祥紀念館」，展示許多飛機。

紀念館主要分為兩個部分，包括一座大型放映廳，以及一座展示機棚，陳列的大多是自衛隊早期用過的定翼、旋翼機。館內較珍貴的

→航空公園車站前陳列一架全日空塗裝的 YS-11，這是戰後日本首款自製客機，象徵航空工業復甦。

↑由德川好敏大尉駕駛，完成日本國內首次動力飛行的亨利・法爾曼機（實物），借展自入間基地的修武台紀念館。

↑早期法國航空教育團前來日本為陸軍進行飛行訓練時使用的紐波特 81E2 型機複刻品，旁邊陳展實機骨架。

←認定為重要航空遺產的
九一式戰鬥機機身，包括塗料
顏色、寫在各處的製造編號、
使用的技術與材料、製造工藝
等，都具研究價值。

收藏品，是一架僅有機身的九一式戰鬥機。這是日本陸軍使用的首款原創設計戰鬥機，也是陸軍的第一款單翼戰鬥機。

　　1933 年，福建省籌組反蔣「中華共和國人民革命政府」，向日本購買 12 架九一式戰鬥機欲發動政變。這場「閩變」後來以失敗告終，此批飛機由廣西空軍接收，之後併入中央空軍。

1938 年，日本海軍的水上偵察機空襲廣西南寧，我空軍 32 隊派九一式戰鬥機起飛迎戰，形成罕見的日製飛機互打局面，雙方各有戰果。這架九一式的機身由於保存狀況良好，極富研究價值，因此由日本航空協會認定為「重要航空遺產」第 1 號。

←所澤飛行場的航空草
創期風景，裝箱的飛機
還是用牛隻拖運。

↑館內陳展的各種飛機部件，包括九七
式重爆機的瞄準手座椅、一式戰鬥機
「隼」的主輪、九八式直協偵察機的尾
輪、三式戰鬥機「飛燕」的 Ha-40 發動
機，以及各型老飛機的螺旋槳。

←航空自衛隊使用的 T-6G 中級教練機，
由於構型落伍，作為教練機使用的時期
很短，部份轉用於救難機。

← T-1 不僅是日本戰後首款自製實用飛機，也是首款自製噴射教練機，用以取代 T-6，暱稱「初鷹」。富士重工應用中島飛行機時代研製「彩雲」時設計的層流翼型，以及授權生產 F-86F、T-33 累積的經驗，順利推出本型機，服役長達 40 餘年。

交通指南

前往航空發祥紀念館，可搭乘西武新宿線至航空公園站下車後徒步抵達。館內也有一些飛行模擬設施，以及講解飛行原理、航空歷史的展示，頗能寓教於樂。除此之外，占地廣大的航空紀念公園不僅春季可以欣賞大片櫻花，每個月還會舉辦一次熱氣球體驗活動，可以原地升空眺望遠景，但須先行上網預約。

 Web　埼玉縣觀光導覽
所澤航空發祥紀念館
（中文）

 Web　所澤航空紀念公園
熱氣球體驗
（日文）

飛機展示棚，地板面積不大，多以吊掛方式陳展。

聖博物館

在長野縣的偏遠山中,有一座陳列空自除役戰鬥機、戰艦「陸奧」主砲、蒸汽機車頭的博物館。這件事在日本的軍事迷之間或多或少都有耳聞,但總是沒有太多訊息。

\#戰艦陸奧　\#F-104　\#F-86　\#彩雲

← F-104J 與遍地滿開的芝櫻。

　　這座「聖博物館」光聽名字會覺得有點可疑,但它其實是由東筑摩郡麻績村經營的公立觀光設施,位在聖高原的聖湖畔。聖高原的「聖」字讀作「Hijiri」,得名自古代山岳信仰,山上遍布佛寺,冬季則是著名滑雪場。

　　聖博物館其實歷史頗為悠久,1965 年便已開設。本館展示一些鄉土民俗及佛教信仰資料,航空資料館則藏著一些好東西。其建築來自 1877 年設立的麻績小學校舊校舍,1971 年縮小移建至此處保存,是古色古香的木造校舍建築。

　　航空資料館的收藏品,包括一具 F-104J 使用的 J79 發動機、一具 T-1 教練機使用的英國布里斯托製奧菲斯型噴射發動機,以及一具 C-46D 運輸機的普惠 R-2800 發動機與螺旋槳。地上擺著一個不起眼的圓筒狀物體,竟然是艦上偵察機「彩雲」的木製拋棄式副油箱。由於戰爭後期缺乏金屬,因此會以木、竹甚至和紙作為替代材料。長野縣盛產木材且家具工藝發達,曾利用小工坊生產這類軍需品。近年也在其他木工廠發現同款半成品副油箱,陳展於長野縣立博物館。這顆副油箱表面留著當時漆料,是考證海軍機塗裝色調的絕佳樣本。

　　除了航空相關展品,館內也有一區陳列從戰艦「陸奧」打撈上來的殘骸,包括錨鍊、舷窗、鍋爐管路、裝甲板等,另有一面「陸奧」的大型軍艦旗收藏,以及陳列在戶外的 40 公分主砲砲管,是橫須賀、大和博物館之外第 3 根完整陳展的「陸奧」主砲管。

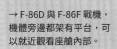

→ F-86D 與 F-86F 戰機,機體旁邊都架有平台,可以就近觀看座艙內部。

↑戰艦「陸奧」的 40 公分主砲九一式徹甲彈。

↑戰艦「陸奧」主砲砲管，與橫須賀的同為右砲，大和博物館的則是左砲，砲門鉸鍊位置不同。

↑自戰時爆炸沉沒於瀨戶內海柱島泊地的戰艦「陸奧」打撈起來的殘骸，裝甲板相當厚實。

←尺寸十分巨大的戰艦「陸奧」軍艦旗。由於旗子必須保持整潔完善，因此會定期更新，此旗汰換後由乘員私藏，後來贈與館方。大和博物館有兩面與之同款的「長門」軍艦旗。

　　戶外展場主要陳列航空自衛隊的除役飛機，包括 F-104J、F-86D、F-86F、T-34A，另有一輛 1943 年製造的 D51 蒸氣機車頭。原本還有一架 C-46D，但因體積太大不易維護，已解體銷毀，僅留下尾翼、襟翼等部件當作看板使用。

　　博物館定期會有志工團體前來維護，他們都是同好人士，對展品內容知之甚詳。若有志工在場，還可摸摸「陸奧」厚實的裝甲板，或是請出館藏軍艦旗端詳。

空自早期使用的 T-34A 初級教練機。

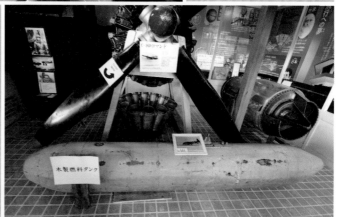

← F-104J 使用的 J79 發動機,有說明牌標示各部位名稱。

→以高速著稱的艦上偵察機「彩雲」木製副油箱,保留原漆塗料甚為珍貴。

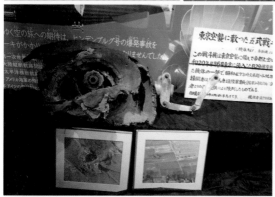

↑五式戰鬥機的主輪。據說明牌所寫,1945 年 4 月 6 日東京空襲時,此機由平馬康雄陸軍曹長駕駛,衝撞攔截 B-29 後墜毀,戰後從埼玉縣越谷市挖出殘骸與遺體。此機另有其他部件陳列於靖國神社遊就館。

交通指南

前往聖博物館,可搭乘北陸新幹線至 JR 長野站,換乘筱井線至聖高原站,週三、週六各有 3 班村營巴士自站前開往聖湖。雖然公共交通不便,但館藏秘寶仍有一探價值。聖高原觀光區夏天可以露營釣魚划船,冬季則能滑雪。博物館在雪季期間會關閉,初夏之際則有遍地滿開的芝櫻,與噴射銀翼共同輝映。

Web 麻績村立聖博物館(日文)

筑波海軍航空隊紀念館

位於茨城縣笠間市的筑波海軍航空隊紀念館，過去是該隊基地所在，司令部的主體建築保留下來作為紀念館。館內陳展許多零碎但稀有的飛機殘骸等物件，意外地有看頭。

#《永遠的0》　# 航空隊司令部完整建築　# 展示品相當有趣

←航空隊司令部的主體建築，許多電影都曾在此取景。

鑑古思今　戰爭爪痕

這座飛行場最早是所澤陸軍飛行學校的起降訓練場，後來海軍也跟著使用，並且將之建設完備，供霞浦海軍航空隊友部分遣隊進行訓練，以增補派往中國作戰的人員。分遣隊於 1938 年獨立為筑波海軍航空隊，編入第 11 聯合航空隊，從事預科練的初級、中級飛行訓練。

戰爭後半期，筑波空除了轉換為實用機訓練部隊，也編組攔截機隊抵禦敵機空襲。菊水作戰期間，有編成 8 隊神風特別攻擊隊「筑波隊」，接連在沖繩海域衝撞盟軍艦艇。1945 年 5 月 14 日，撞入企業號航艦飛行甲板，將前部升降機炸飛上天，令其退出戰場的零戰特攻機，就是由第 6 筑波隊隊長富安俊助中尉所駕駛。

↑筑波海軍航空隊紀念館的售票處在司令部建築右邊，先從這座新館開始參觀。

↑大操場前的號令台。

←←偵察機使用的九九式航空照相機。

←日本海軍艦船內通話用的九二式高聲電話器，屬於一種聲力電話。

↑電影《永遠的0》拍攝使用的軍醫院病房場景。

↑展示於新館的零戰二一型機尾,回收自新幾內亞,可一窺內部結構與蒙皮質感。

↑艦上偵察機「彩雲」的主輪,其他還有展示零戰的機輪。

→ B-29 用寇蒂斯 - 萊特 R-3350 等發動機,以及打撈自霞浦湖底的木製訓練用空投魚雷。

　　戰爭結束後,航空隊建築物轉用為學校校舍與縣立友部醫院,後來醫院蓋了新院區,舊廳舍便成為史料展示館。司令部建築原本要在 2011 年拆除,但經茨城縣借給《永遠的0》電影製作小組當成拍攝場地後,決定以「筑波海軍航空隊紀念館」的形式加以保留。

　　這棟 1938 年建造的鋼筋水泥建築外觀相當簡潔,內部房間設有許多展示室。除了《永遠的0》之外,也曾作為許多電影的取景地,包括《阿基米德大戰》、《別對映像研出手!》等。

　　距離紀念館 1.3 公里外,還有一座地下戰鬥指揮所,以及陳列一架零戰二一型原尺寸模型機的展示棚。這架模型機用於電影《聯合艦隊司令長官 山本五十六─太平洋戰爭 70 週年的真實》拍攝,與地下戰鬥指揮所只在每週六日開放參觀,且要先行上網預約,並於紀念館購買套票,才能在指定時段前往。

交通指南

參觀筑波海軍航空隊紀念館,可搭乘 JR 常磐／水戶線至友部站,換乘公車至「縣立醫療中心」(僅平日運行)或「友部第二小學校前」站牌下車即可抵達。另外,友部站前的地域交流中心也有腳踏車可租用,若有預約參觀地下戰鬥指揮所,移動會比較方便。

Web 筑波海軍航空隊紀念館(日文)

預科練和平紀念館與雄翔館

「預科練」是「海軍飛行預科練習生」的簡稱，為帝國海軍航空兵養成制度之一。第一次世界大戰之後，飛機在軍事上扮演的角色越顯重要，為了追上歐洲列強腳步，帝國海軍決定從少年時期開始培養航空專業人員，於 1929 年設立「預科練習生」制度，翌年開始招收第一期。

這些 14 歲以上、未滿 20 歲，擁有高等小學校學歷的少年，通過考試難關後進入橫須賀海軍航空隊，接受為期 3 年的基礎教育（之後有縮短）與 1 年飛行戰技教育後，結訓成為下士官（士官階級）飛行員。

1936 年，「預科練習生」改稱為「飛行預科練習生」，並於隔年新增「甲種飛行預科練習生」（甲飛）制度，招收學歷及年齡稍高的學生，以培養未來的軍官幹部。為了提振士氣，預科練的制服從原本的水兵服改成與軍樂隊同款的短外套，胸前有七顆鈕扣，搭配下士官型軍帽，如同《若鷲之歌》歌詞中的「年輕血潮預科練，七顆鈕扣櫻與錨」，成為預科練最具代表性的形象。

→預科練和平紀念館外陳列的「回天」一型原尺寸模型，採上半部漆白的訓練用塗裝。「回天」乘員有 7 成以上來自預科練，1000 人中陣亡 40 人。

↑海上自衛隊的「航空學生」是招考高中畢業生的空勤人員培訓制度，包括服裝等方面都能看到預科練的影子。
（攝於鹿屋基地航空祭）

↑甲種預科練的招募海報，當時要考上可是相當不容易。
（攝於筑波海軍航空隊紀念館）

↑預科練的夏季制服，特色是胸前的 7 顆鈕扣。
（攝於久里濱駐屯地）

 Web 預科練和平記念館（日文）

 Web 雄翔館（日文）

　　截至戰爭結束，總共約有 24 萬人加入預科練，其中 2 萬 4 千餘人結訓成為飛行員並趕赴戰場，且多數參加特攻隊，陣亡人數達到 1 萬 9 千人，有些期別的戰死率甚至高達九成。

　　預科練的訓練在 1939 年從橫須賀轉移至霞浦航空隊，1940 年又獨立成為土浦航空隊，在茨城縣的霞浦湖畔日日進行訓練。1944 年夏季之後，由於戰況轉壞，飛行訓練停止，導致結訓者大多無法成為空勤人員。有些人因此被轉派至載人魚雷「回天」、水上特攻艇「震洋」、人肉水雷「伏龍」等特攻部隊。

　　除此之外，1944 年也新設「特別丙種飛行預科練習生」（特丙飛），招收朝鮮籍與臺灣籍的海軍特別志願兵。特丙飛僅有一期，朝鮮與臺灣各有 50 人加入，但並未接受飛行訓練。戰爭結束後，臺灣人練習生等待返鄉期間，留在土浦航空隊協助整理善後，預科練和平紀念館中有特別提到他們。

　　預科練和平紀念館位於土浦武器學校旁邊，與校區內的「雄翔館」一樣，都是以介紹預科練作為主題，但兩者是由不同單位管理，展示內容也各異其趣。前者是地方政府阿見町的設施，館內分為 7 個主題，依序介紹預科練的入隊、訓練、心情、飛翔、交流、窮迫、特攻。最後一段的特攻影片放映，以美軍紀錄片畫面搭配特攻機飛行員最後俯衝時按住無線電發報鍵的「嗶——」長聲作收尾，此聲一斷，即代表該機突入完畢，呈現方式令人印象深刻。

展示於紀念館旁的零戰二一型原尺寸模型。

知覽特攻和平會館

盟軍於 1945 年 3 月底開始進攻沖繩時，九州是距離最近的本土據點，因此成為陸、海軍特攻隊的集結地。超過四千架特攻機陸續進駐知覽、鹿屋等航空基地，展開全面特攻化的「菊水作戰」。由於知覽陸軍飛行場位於九州最南端，因而成為出擊架數最多的特攻基地。

　　1944 年 10 月底的雷伊泰海戰之後，日本海軍戰力幾乎消耗殆盡，無力阻止盟軍艦隊繼續向北進逼。有鑑於特攻戰法在菲律賓取得的成果，大本營認為這是一種能以精神戰力對抗壓倒性物量、激發敵方厭戰情緒的有效方法，因而開始規劃大規模特攻行動。

　　1945 年 3 月，包含戰艦在內的 30 艘盟軍艦船出現在沖繩本島南部，並且展開岸轟，還出

動超過 600 架艦載機發動猛烈空襲。大本營海軍部因此判斷盟軍準備進攻沖繩，下令發動「天一號作戰」，開始調集各航空艦隊應戰。

　　九州的航空戰力因此大幅增強，不僅海軍調來 2,895 架作戰飛機進駐九州各基地，陸軍的第 6 航空軍等部隊也納入聯合艦隊指揮，調集 1,835 架作戰飛機進駐知覽等基地。

→知覽特攻和平會館，館內除零戰殘骸外禁止拍照。

4月3日，由於盟軍已經登陸沖繩，大本營決定全力發動航空攻擊，展開全面特攻化的「菊水作戰」。「菊水」是南北朝時代武將楠木正成的旗印，在奉南朝為正朔皇國史觀中，將其尊為從容赴義的大忠臣，因此以其菊水家紋與遺言「七生報國」作為特攻精神號召。

陸軍的特攻機主要是從知覽、萬世、都城、建軍、大刀洗等九州基地，以及第8飛行師團在臺灣的各個基地出發，裝掛250公斤炸彈，飛向沖繩海域的盟軍艦隊，執行有去無返的衝撞攻擊。由於知覽基地位於本土最南端，因此出擊架數最多。陸軍特攻作戰總共陣亡1,036人，其中有將近半數的439人（包含經由中繼基地德之島、喜界島）都是從知覽出擊。

戰後，為了憑弔特攻作戰犧牲者，在知覽首先建立「特攻和平觀音堂」。後來為了活化地方經濟，在相關人士奔走下，完成「知覽特攻遺品館」，展示特攻隊員的遺照、遺物與遺書等。由於連年舉辦的「知覽特攻基地戰歿者慰靈祭」參與人數越來越多，使得特攻這個主題變成吸引觀光的資源，不僅遺品館擴建為今日的「知覽特攻和平會館」，周邊也整建成範圍廣大的公園，有許多知覽飛行場遺蹟零星分布。

↑成為特攻象徵的菊水紋章。

↑有「特攻之母」之稱的鳥濱女士，戰時在知覽開設食堂，對年輕的特攻隊員照顧有加，戰後則促成建立和平觀音堂。她也是電影《我，只為妳而死》的主角。

↑和平會館入口處的壁畫，天女將特攻隊員之靈帶離化作火球的「隼」。

↑特攻隊員進駐知覽飛行場，等待出擊前的日子，就是在這半埋於地下的三角兵舍度過。

↑三角兵舍內部設備簡陋，燈光昏暗，特攻隊員在此寫下訣別遺書、飲酒高歌，揮別亂世下的短暫人生。

↑從零戰殘骸後方可以細看座艙結構，風擋裝有厚實的防彈玻璃。

↑剩下半截機身的零戰五二型丙，每側機翼裝有 20 公厘與 13 公厘機槍各一挺。

↑特攻主題已成為知覽的觀光號召，連拉麵都要冠個「隼」字。

→陳列於館外的「隼」III型甲特攻機原尺寸模型，右翼吊掛 250公斤炸彈，左翼則掛副油箱。「隼」的機身與零戰相比，後段顯得纖細許多。

和平會館除了展示遺照等物，也有幾架飛機館藏，其中最珍貴的是一架四式戰鬥機「疾風」I 型甲，是目前世上唯一以良好狀態保存的實機。這架「疾風」於菲律賓被美軍擄獲，戰後在美國博物館修復下，曾維持可飛行狀態。可惜送回日本展示後狀況逐漸變差，移至知覽進行室內陳展才又稍微好轉，2023 年由日本航空協會認定為重要航空遺產。

另一架實機展品，則是打撈自薩摩川內市甑島近海的零戰五二型丙，這架狀況比較差，只剩前半截機身與主翼，但仍保有丙型每側機翼兩挺機槍的特徵。另外，館外也展示一架一式戰鬥機「隼」III型甲的原尺寸模型，曾用於電影《我，只為妳而死》拍攝。

交通指南

前往知覽特攻和平會館，可從鹿兒島機場（只有國內線）或 JR 鹿兒島中央站搭乘巴士至「特攻觀音入口」。周圍的知覽和平公園也有分布許多遺跡，可以四處散步探尋。

Web　知覽特攻和平會館（中文）

鶉野飛行場遺跡群

鶉野飛行場建設於 1943 年，供姬路海軍航空隊以九七式艦上攻擊機進行實用機操作訓練。川西航空機的姬路製作所也在此設置工廠。1945 年 2 月，姬路海軍航空隊有編組神風特攻隊「白鷺隊」。戰後，曾作為陸上自衛隊的訓練設施。

紫電改原尺寸模型
九七式一號艦攻原尺寸模型

　　近年日本流行製作原尺寸複刻機，除了常見的零戰之外，還有紫電改、九七式艦攻、震電、瑞雲、九三式中間練習機等，供紀念館陳展或特殊活動使用，其中紫電改與九七式一號艦攻可在兵庫縣加西市的鶉野飛行場遺跡展示倉庫看到。

　　鶉野飛行場過去除了供海軍進行飛行訓練之外，川西航空機的姬路製作所也在此設置工廠，組裝新型戰機「紫電」與「紫電改」，總共完成約 500 架，出廠新機皆於鶉野飛行場進行試飛。1945 年 2 月，姬路海軍航空隊也編組神風特攻隊「白鷺隊」，從鶉野派至大分縣宇佐基地、鹿兒島縣串良基地待命，於沖繩戰役出擊，陣亡 63 人。

　　鶉野飛行場戰後長期作為陸上自衛隊的訓練設施，2016 年由防衛省移交地方政府加西市，將戰爭遺跡群整建成觀光資源，並設置一座外觀類似修護棚廠的防災儲備倉庫，稱為「sora 加西」。為了振興地方經濟，加西市先後出資製作一架紫電改與九七式一號艦攻的原尺寸模型，陳列於倉庫中展示。雖然在四國愛媛縣的「紫電改展示館」有一架從海底打撈的紫電改實機展示，但加西市的這架模型作工也很精緻，可實際體驗它的存在感。

　　九七式一號艦攻使用的是「光」三型發動機，整流罩形狀與後來換用「榮」一一型發動機的九七式三號艦攻不同，太平洋戰爭時已退居二線，並於末期充當特攻機使用。鶉野這架

→復原的姬路海軍航空隊門以及崗哨亭，從法華口站有規劃腳踏車道一路通往展示倉庫。

↑遺跡群中有一座大型地下掩體，用以設置發電機。目前規劃作為放映廳，週日會撥放介紹特攻隊的影片。

↑姬路海軍航空隊與特攻隊的紀念碑。

↖↑遺跡群中的防空機槍座，結構保留完整，並有設置原尺寸九六式三聯裝機槍模型。

←防災倉庫附近另有一座不同團體建立的鶉野飛行場資料館，內有一些模型與特攻隊員遺書等資料。

原尺寸模型漆塗的是「白鷺隊」特攻機塗裝，機腹掛載 800 公斤炸彈，吊掛於天花板，呈現特攻出擊樣貌。

　　鶉野飛行場遺跡除了保留大部分混凝土跑道，周邊也有防空機槍座、地下防空壕、彈藥庫等設施，統整規劃成一個歷史教育園區。其中防空機槍座構造相當完整，在日本國內甚為罕見，加西市甚至還製作一座九六式三聯裝防空機槍原尺寸模型設置於機槍座上。

鑑古思今　戰爭爪痕

←紫電改與九七艦攻的展示空間，另有歷史介紹看板與紀念品店。

↓吊掛於天花板，呈現特攻隊出擊情景的九七式一號艦攻，前端膨起的發動機整流罩與常見的三號艦攻不同。

↑這架紫電改的塗裝漆成第 343 海軍航空隊「劍部隊」，是戰爭末期知名的本土防空部隊。

→館內另有一組紫電改的座艙模型，做工同樣精巧。

交通指南

前往鶉野飛行場遺跡，可從神戶或姬路搭乘電車至 JR 加古川站，轉乘 JR 加古川線至粟生站，再換搭北條鐵道至法華口站，從姬路站也可直接搭乘神姬巴士抵達法華口。法華口站除了有班次很少的接駁車通往「sora 加西」，也有腳踏車可租用，繞行範圍廣大的遺跡群比較方便。

Web SORA 加西（日文）

大刀洗和平紀念館

位於九州福岡縣的大刀洗飛行場完工於 1919 年，是西日本第一座機場，除了由陸軍使用，也有發展民航。建設地點之所以選在九州遠離城市的內陸地帶，是為了避免遭到艦砲攻擊，並能經由朝鮮半島聯絡中國大陸。這座機場占地相當廣大，戰爭前夕號稱「東洋第一飛行場」。

#九七式戰鬥機唯一實機　#零戰三二型　#震電原尺寸模型

　　1940 年，大刀洗陸軍飛行學校設立於此，自東京陸軍航空學校畢業的少年飛行兵，若分發至操縱科，會在大刀洗以及熊谷、宇都宮這 3 所飛行學校接受飛行訓練。除了少飛之外，為了速成補充大量航空人員，1943 年開始採用的「特別操縱見習士官」與 1944 年開始採用的「陸軍特別幹部候補生」，也會在大刀洗接受訓練。

　　戰爭末期，大刀洗飛行場遭 B-29 猛烈空襲，幾乎全毀。機場於戰後廢棄，轉變為農地與麒麟啤酒工廠，但各處仍然留有一些遺跡。由於陸軍飛行學校的分校所在地知覽都開了一間頗具規模的紀念館，本校所在的大刀洗應當也要留點東西，因此有心人便利用太刀洗車站的舊站房開了一間展示館，陳列 1996 年從博多灣打撈起

↑原本利用舊車站改造的展覽館，目前館內展示一些懷舊物件。屋頂則有一架空自除役的 T-33A。

↗新蓋的和平紀念館，就在太刀洗車站對面。

→展示於紀念館門口的三菱 MH2000 直升機，它是日本首款發動機與機體皆為自製的民用雙發直升機，但商業化失敗，最後不了了之。另有一架展示於愛知航空博物館。

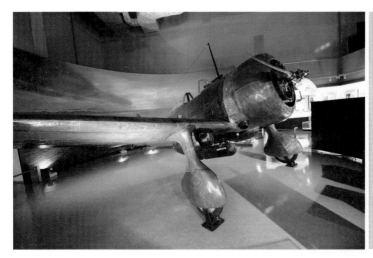

←彌足珍貴的九七式戰鬥機，機腹掛有 250 公斤炸彈，呈現特攻機狀態。

來的九七式戰鬥機等物件。後來地方政府筑前町有了預算，才在展示館對面興建一座新展館，成為現在的筑前町立大刀洗和平紀念館。

　　大刀洗和平紀念館除了展示九七式戰鬥機，還從「福岡航空宇宙協會」獲捐一架零式艦上戰鬥機三二型，這兩架都是現存唯一完整實機，非常珍貴。已故漫畫大師松本零士的父親以前曾在大刀洗擔任中隊長，駕駛過九七式戰鬥機，

並為飛行第四聯隊設計隊徽。紀念館建館時曾獲松本零士提供不少建議，且目前裝在這架九七式戰鬥機上的主輪也是由他捐贈。

　　此架九七式戰鬥機於 1945 年 4 月接獲特攻出擊命令，從滿州飛往知覽，但因發動機故障迫降博多灣。飛行員渡邊利廣少尉被漁船救起，後來仍抵達知覽，駕駛另架九七式戰鬥機出擊陣亡。

和平紀念館的展覽廳，館內限制拍照，只能拍攝震電、零戰、九七戰展示機。

↑有心人士製作捐贈的零戰儀表板。

←同樣相當珍貴的零戰三二型，有架設平台，可以就近端詳座艙內部。切短削平的翼尖特徵相當明顯。

→堪稱「夢幻機型」的震電，航迷總是對它有著無限遐想，原尺寸模型非常有魄力。

Web
大刀洗
和平紀念館
（日文）

　　至於零戰三二型則是回收自馬紹爾群島的塔羅阿島，由福岡航空宇宙協會與中日本航空進行修復，原本展示於名古屋（現愛知航空博物館），後來捐贈給大刀洗。零戰三二型是切平翼尖並換裝「榮」二一型發動機的構型，雖然馬力變大、爬升性能變強，但最大速度增加有限，且原本引以為傲的最大航程也縮短許多，盟軍對其另外賦予代號「HAMP」。

　　除了實機之外，館內最近也新增一架原尺寸「震電」模型。「震電」是由海軍空技廠與九州飛行機共同研製的高速攔截戰鬥機，採用前三點式起落架，配備前置翼，且螺旋槳裝在機身後方，布局相當新穎。

　　由於「震電」只有完成一架原型機，且僅在戰爭結束前夕試飛數次，實際性能成謎，因而成為航迷長年津津樂道的夢幻機型。「震電」實機目前保存於美國國家航太博物館，且僅展示前機身。大刀洗的原尺寸模型製作非常精美，且塗裝質感相當用心，值得前往朝聖。

交通指南

前往大刀洗和平紀念館，可從福岡機場入境，自博多站搭乘 JR 鹿兒島本線至基山站，換乘甘木鐵道至太刀洗站下車，紀念館就在車站對面。大刀洗這個地名來自南北朝時代武將菊池武光於筑後川合戰後在附近小河洗去太刀上的血漬，正式名稱有「大刀洗」與「太刀洗」兩種混用。

鹿屋航空基地史料館

相對於陸軍航空隊的特攻基地是以知覽為中心，海軍的特攻隊大多從鹿兒島縣的鹿屋基地出發。這裡目前是海上自衛隊的航空基地，史料館外展示一架世界僅存的二式飛行艇實機。

#二式大艇　#零戰五二型甲　#特攻隊史料

　　說起鹿屋這個地名，熟悉國軍戰史的人應該都會有點印象。1936 年編成的鹿屋海軍航空隊，於隔年中日戰爭爆發後，與木更津航空隊合組為第 1 聯合航空隊，準備參與作戰。

　　1937 年 8 月 12 日，鹿屋空進駐臺北基地（現松山機場），8 月 14 日派出 18 架九六式陸上攻擊機跨越東海，9 架飛往杭州筧橋、喬司機場，9 架飛往安徽廣德機場進行空襲。由於颱風過境天候惡劣，陸攻無法維持密集編隊發揮防禦火網，在我空軍奮勇攔截下，擊落日機 2 架、擊毀 2 架，是為 814 空軍勝利紀念日的由來（以往常見的 6 比 0 戰績是以訛傳訛的錯誤說法）。

　　即便第 1 聯合航空隊在一連 3 天的「渡洋爆擊」中損失慘重，連鹿屋空飛行隊長新田慎一少佐也陣亡，但日本海軍的陸攻隊仍持續在中國戰場到處狂轟濫炸，一直持續到 1941 年。

　　太平洋戰爭爆發後，鹿屋空隨即參與 12 月 10 日的馬來亞海戰，擊沉英國遠東艦隊的戰艦「威爾斯親王號」和巡洋戰艦「反擊號」，證明航空兵力的確能在海戰當中扮演要角。

　　鹿屋航空隊後來轉戰南洋各地，於 1942 年改稱為第 751 海軍航空隊，1944 年在馬里亞納群島被美軍消滅。鹿屋航空基地則於 1942 年編成第二代鹿屋海軍航空隊，負責執行飛行訓練。1944 年戰況惡化後，基地交由實戰部隊進駐，二代鹿屋空於 7 月解編。

→陳展於室外的舊海軍艦艇用魚雷，上為 89 式，下為 92 式。

海上自衛隊
鹿屋航空基地史料館
（日文）

沖繩戰役時，鹿屋基地是第5航空艦隊司令部所在地，司令長官宇垣纏中將下令所屬航空隊徹底執行特攻，共有828名特攻隊員自鹿屋出擊。1945年之後，從鹿屋基地出發的特攻隊當中，最有名的就是前面也多次提到的第721海軍航空隊「神雷部隊」。

他們會以一式陸攻吊掛載人飛彈「櫻花」，靠近美軍艦隊後投放，並點燃火箭推進器加速，帶著機首1,200公斤穿甲彈頭衝撞敵艦。由於「櫻花」重量超過2千公斤，一式陸攻吊掛後行動會變得非常遲緩，難以閃避敵機。

第一次神雷櫻花特別攻擊隊派出的18架陸攻全數遭到擊落，連同掩護的零戰隊總共陣亡160人。之後神雷部隊調整戰術，改於終昏或始曉化整為零分批出擊，但戰果仍然有限。真正擊沉的艦船，僅有1艘桑拿級驅逐艦曼納特・L・阿貝爾號（USS Mannert L. Abele，DD-733），另外重創3艘（其中2艘報廢）、擊傷3艘。

鹿屋航空基地戰後先由陸上自衛隊的前身使用，海上自衛隊成立後才接手管轄，目前駐有操作定翼反潛機的第1航空群，以及訓練旋

→川西航空機推出的二式飛行艇性能十分傑出，用於長程搜索與攻擊。

← US-1A是川西航空機戰後改組為新明和工業後推出的救難飛行艇，為繼承二式大艇血脈的水陸兩用機。

→改良自US-1A的US-2救難飛行艇，海上起降距離相當短，且能在3公尺高的波浪下起降海面，是大艇系列的最新進化版。
（攝於鹿屋基地航空祭）

館外陳展的海自 P-2J 反潛機，改良自美軍的 P2V-7，由川崎重工生產。它換用渦輪軸發動機，並將螺旋槳改成 3 葉槳，偵潛電子設備也提升至與 P-3A 相同水準。

↑→館內陳展的 P-2J 機首、駕駛艙可進入參觀，遙想當年黑蝙蝠中隊 P2V-7U 電子偵察機深入大陸執行特種任務的情景。

↑基地周邊也有許多戰爭遺跡，這座櫻花碑的位置，是神雷部隊出擊前集合乾杯壯行之地。

←由兩架殘骸拼湊復原的零戰五二型甲。

翼機飛行員的兩個教育航空隊。基地旁的史料館除有陳展各式海自用過的定翼機、旋翼機，還有一架唯一現存的二式飛行艇。這架二式大艇原本陳展於東京的船之科學館，後來移至鹿屋存放。

史料館內則有一架零戰五二型甲，由海底撈起的一架二一型與一架五二型丙合併復原而成。館內二樓為帝國海軍歷史區，展示大量特攻隊員遺照與遺書，一樓則為海上自衛隊區，展品相當豐富，還有一截 P-2J 反潛機的機首段可以進入參觀。

交通指南

前往鹿屋航空基地，須從鹿兒島市的鴨池港搭乘渡輪至垂水港，再搭公車至鹿屋市。鹿屋基地於每年4月下旬會舉辦基地開放，除可看到海上自衛隊保有的各型定翼機、旋翼機，還有難得一見的 P-3C 機動飛行展示，以及直升機水上逃生訓練館的實際操作觀摩，雖然交通比較不便，但仍值得一看。

Web 鹿兒島縣旅遊指南（中文）

陸奧紀念館

曾被譽為世界七大戰艦的陸奧，在太平洋戰爭期間不明原因爆炸沉沒於瀨戶內海，造成戰力嚴重損失。戰後曾進行大規模打撈，除回收鐵材資源外，也留下許多遺品展示於各地，其中大部份收藏於爆沉地點附近的陸奧紀念館。

日本海軍在日俄戰爭的日本海海戰擊敗俄羅斯艦隊之後，一躍成為世界第三強海軍。為了因應日後作為假想敵的美國海軍，接續制定以 8 艘戰艦、8 艘巡洋戰艦構成的「八八艦隊」計畫。雖然因為總體耗資甚鉅以及海軍限武條約簽訂，使得八八艦隊並未實際成形，但計畫中的「長門級」戰艦仍完工兩艘，是為「長門」與「陸奧」。

長門級是參考英國提供的「伊莉莎白女王號」戰艦設計圖，大幅改良並配備 16 吋級主砲的日本自製新型戰艦，在設計上有汲取日德蘭海戰教訓，加強重點區塊的裝甲防禦。1 號艦長門於吳海軍工廠建造，1920 年 11 月 25 日竣工，2 號艦陸奧則是由橫須賀海軍工廠建造，趕在華盛頓海軍會議前的 1921 年 10 月 24 日竣工。

華盛頓海軍限武條約簽訂後，列強暫時停止造艦競爭，當時全世界配備 16 吋級主砲的戰艦包含長門級在內僅有 7 艘，合稱為「Big 7」。長門級可說是帝國海軍的當家看板，時常在媒體上露面，也供民眾參觀，因此知名度頗高。相對於此，海軍限武條約失效後祕密建造的「大和級」戰艦由於從頭到尾都保持高度機密，因此反而要到戰後才逐漸為人所知。

戰艦陸奧取名自領域包含青森縣與福島縣的陸奧古國名，與姊妹艦長門交替擔任聯合艦隊旗艦，名氣同樣響亮。太平洋戰爭期間，陸奧比照其他戰艦，鮮少出動以保存戰力應對決戰，雖有參加中途島作戰與第二次索羅門海戰，但都沒有發揮太大作用。

↑位於周防大島的陸奧紀念館，雖然位處偏遠，但不僅收藏大量陸奧遺物，也鄰近爆沉地點，值得海軍迷前往一探。

↑陸奧主錨，另一副陳列於大和博物館。

1943 年 6 月 8 日，陸奧停泊於瀨戶內海廣島灣的柱島泊地待命，剛過正午時刻，三號砲塔與四號砲塔之間突然發生大爆炸，不僅濃煙直衝雲霄，三號砲塔甚至騰空飛起。陸奧艦體瞬間斷成兩截，前半段立刻沉入海底，艦上的 1,474 人（包括乘艦實習的預科練甲飛第 11 期練習生與教官等 134 人）僅 353 人獲救。海軍對此慘案下達封口令，以免影響軍心士氣，連殉職艦長的夫人都被蒙在鼓裡，直到戰後才由 GHQ 透過 NHK 廣播公布事實。

關於陸奧爆沉的原因，起初以為是遭潛艦攻擊，後來懷疑是主砲的三式彈火藥自燃，但經檢證皆已排除。1970 年，民間業者獲准打撈陸奧殘骸，將 75%的艦體與許多遺骸打撈上岸。分析遺骸身份後，人為縱火的可能性成為主要原因之一。至於殘骸，除了回收作為資源，鐵材也因不像戰後煉製的鋼鐵含有鈷 60 放射核種，可在精密測定放射線量時用來當作遮蔽材料，稱為珍貴的「陸奧鐵」。

陸奧殘骸除了前面提到的幾個地方，在山口縣的周防大島還有一座「陸奧紀念館」專門陳列，包括艦艇前端、俥葉、14 公分副砲、主錨等，都可在此看見。

↑紀念館內的展示廳，除了打撈品外，也收藏許多照片與資料。

↗打撈上岸的各種物件。

→主砲除了由艦橋頂端的射擊指揮所管制射擊，也能由各砲自行扣引扳機發射。

←陸奧紀念館鄰近當年爆沉的柱島泊地海域，若搭乘松山渡輪前往，會就近通過該處。

↑此處獨有的艦艏前端，可從後方觀察內部結構。菊花紋章保存於江田島的教育參考館內。

↗14 公分副砲，連同砲座重達 18 噸，兩舷各有 9 門，此為左舷的第 16 號砲。

→巨大的俥葉，戰艦陸奧為四軸推進，另有一副俥葉展示於大和博物館前。

↓陳展於橫須賀維爾尼紀念館內的戰艦陸奧模型。

陸奧紀念館旁的露營區原本陳展一架 PS-1 飛行艇，但近年因缺乏維護經費而被拆除。

交通指南

前往陸奧紀念館，可由 JR 山陽本線柳井站、大畠站搭乘防長交通巴士往「周防油宇」路線，在「陸奧紀念館前」站牌下車，或從柳井港搭乘行經周防大島的松山渡輪，在伊保田港下船後徒步約 950 公尺抵達。

 山口縣觀光導覽
陸奧紀念館
（中文）

 陸奧紀念館
（日文）

大津島回天紀念館

大津島上的回天發射訓練基地遺跡，
建築結構被認定為土木遺產。

位於山口縣的大津島是載人魚雷「回天」的訓練、出擊基地，目前設有回天紀念館，除
了保存相關設施與史料，還有陳展復刻實體模型，讓人反思特攻作戰的殘酷與無奈。

太平洋戰爭末期，被逼到窮途末路的日軍
曾推出各種特攻兵器；不僅天上有載人飛彈「櫻
花」、水面有自爆小艇「震洋」，甚至還有讓
人穿上潛水裝埋伏於淺海，手持長桿爆雷突刺
登陸舟艇的「伏龍」等，不擇手段沒有極限。
在這當中，最早提出的概念則是改造自九三式
氧氣魚雷的「回天」。

日本海軍為彌補主力艦隊與美國的戰力差
距，原本就有設計一款 2 人搭乘的小型特殊潛

航艇「甲標的」，攜帶 2 枚魚雷以不對稱戰力
消耗敵艦。「甲標的」曾用於珍珠港作戰與奇
襲雪梨港等，雖然後者有達成若干戰果，但參
與作戰的「甲標的」卻也全部喪失，顯然要順
利回收這種特戰潛艇有實質上的困難，乘員皆
須抱持決心一去不復返。

1943 年，日軍在瓜達康納爾島消耗戰失利
後，有些潛艦軍官開始提出載人魚雷構想，以
圖扭轉戰局，但未獲海軍高層認可。後來「甲

↑陳列於德山港的回天一型原尺寸模型，是電影《沒有出口的海》
拍攝道具。

↑大津島是回天的主要訓練基地所在，港口立有供養
觀音像。

↑回天紀念館外陳展一艘回天一型改的原尺寸模型，艙門擋板上漆有菊水紋章。

↗當時回天整備完成後，會從工廠以軌道台車推至發射場進行訓練，如今途中的隧道牆上掛有許多相關照片。

→用於電影《沒有出口的海》拍攝的回天駕駛艙道具，不僅非常狹窄，各類操縱閥門也相當複雜。

標的」乘員黑木博司大尉與仁科關夫中尉實際動手設計載人版的九三式魚雷，並多次以血書向上請願，懇求批准。由於 1944 年 2 月聯合艦隊的特魯克環礁前線基地遭美軍大規模空襲，損失多艘艦船，高層態度因此轉變，載人魚雷開始進入試製。

作為基礎的九三式三型魚雷原本是驅逐艦用的大型魚雷，特徵是速率高、射程長，且不易留下氣泡航跡，是水雷戰隊的最佳利器。載人版本則在魚雷前段加上直徑較大的外筒，設置人員操縱裝置與潛望鏡，並將炸藥量增加至 1.55 噸，以 30 節速率航行時射程可達 23 公里。

日本海軍於馬里亞納海戰一敗塗地後，決定制式採用載人魚雷，命名為「回天」，取自幕府海軍的外輪式蒸汽軍艦「回天丸」，寄望它能回轉天命、改變戰局。然而，回天的操作卻非常複雜，襲擊時需升起潛望鏡，觀察目標航向與速率後，計算敵我航路交會點，再潛航以碼表測量命中時間，若錯過目標就得重頭再來一次。除此之外，要控制各種閥門、平衡翼維持深度與航向也相當不容易，光是訓練就已造成許多損失。最後回天總共出擊 49 艘，擊沉

3 艘、擊傷 4 艘美軍艦船，雖然實際戰果不如預期，但仍對美軍造成莫大心理恐懼。

位於山口縣周南市德山灣的大津島，有一座回天發射訓練基地，不僅保留相關設施，還有一間回天紀念館，陳列一艘原尺寸回天一型改模型，以及許多相關資料。大津島原本是九三式氧氣魚雷的發射測試場，決定研改載人魚雷後，隨之成為訓練基地。回天隊員大多是從大津島基地出擊，綁上寫著「七生報國」的頭巾，乘坐搭載回天的潛艦，踏上十死零生的征途。電影《沒有出口的海》、漫畫《特攻之島》，對於回天隊員心境皆有深刻描寫。

交通指南

前往大津島，可搭乘山陽新幹線至 JR 德山站，走到德山港搭乘渡輪至馬島港，參觀回天紀念館與發射訓練場遺跡。

Web　回天紀念館（中文）

戰禍反思

廣島和平紀念公園與資料館

廣島是史上第一個遭受到原子彈攻擊的城市，今日已成深思戰爭與和平及反核武的地點，具有非凡意義。除了紀念公園與資料館，相生橋、原爆穹頂等知名建築，也是人們憑弔歷史的象徵。

廣島原子彈攻擊

20 世紀初，人類開始對原子科學進行研究，並且發現質能轉換的秘密，進而開啟潘朵拉的禁忌寶盒。二次大戰前夕，德國、美國、英國，甚至是日本，都有嘗試探討將核能應用於殺戮兵器，以主宰未來戰場。

1941 年 10 月，羅斯福總統正式批准原子彈研究計畫。一如電影《奧本海默》所述，這項由美國主導、英國與加拿大協助進行的「曼哈頓計畫」，歷經千辛萬苦，終於在 1945 年 7 月 16 日端出實際成果，於新墨西哥州的沙漠成功試爆人類史上第一顆原子彈。當時慘烈的沖繩戰役已告結束，以東京為首的主要都市也在大空襲下化為灰燼，日本儼然已是強弩之末。

同盟國於 1945 年 7 月 26 日發表《波茨坦宣言》，要求日本無條件投降，但大本營陸軍部仍堅持抵抗，阻擋政府回應，一心準備打場玉石俱焚的本土決戰。盟軍雖然也有制定登陸日本本土的「沒落行動」（Operation Downfall），但預估將會付出慘重傷亡。為了以較小代價迫使日本盡速投降，發動原子彈攻擊的選項便浮上檯面。

盟軍最終選定的目標，是廣島、小倉、新潟、長崎這 4 座城市，它們都是軍事、工業重鎮，之前也刻意避免安排空襲，以驗證原子彈的攻擊效果。7 月 25 日，曼哈頓計畫負責人格羅夫斯少將擬定原子彈投擲命令，8 月 2 日，位於關島的第 20 航空軍司令部對天寧島的第 509 混合

飛行大隊下達作戰命令，決定在 8 月 6 日以廣島市為第一目標執行攻擊。

廣島市中心的廣島城在甲午戰爭時期曾設置「廣島大本營」，由明治天皇親自移駕坐鎮指揮，宇品港（現廣島港）則是前線補給出發地，「軍都」名號其來已久。原子彈攻擊時，廣島市內的陸軍重鎮包括管轄中國地方 5 縣範圍的軍管區司令部、因應本土決戰設立的第 2 總軍司令部、第 5 師團司令部，以及統轄全國所有船舶的船舶司令部，另有許多軍需工廠，市內人口推定約有 35 萬。

8 月 6 日凌晨，繼 3 架分頭飛往廣島、小倉、長崎的天候觀測機，執行投彈任務的 3 架 B-29 轟炸機也從天寧島起飛，其中「艾諾拉・蓋」號（Enola Gay）掛載使用鈾 -235 作為核分裂物質、採「槍式」起爆設計的「小男孩」（Little Boy）原子彈，另外兩架則為科學觀測機與攝影記錄機。飛到半途時，依據天觀機回報的氣象資料，決定前往攻擊廣島。

投彈機飛臨廣島市後，將轟炸瞄準器對準橫跨河川分叉處的 T 字形相生橋，上午 8 點 15 分 17 秒，原子彈依投彈航線設定自動投下，畫出拋物線軌跡，43 秒後在瞄準點東南方的「島病院」上空 600 公尺處爆炸。炫目閃光伴隨熾熱爆風，就此點燃核武用於人類戰爭的不歸路。

和平紀念公園與資料館

戰後，廣島原子彈的爆炸中心地帶整建成占地廣大的「和平紀念公園」，公園內的「原爆穹頂」遺跡是最具代表性的象徵。這座建築原本是廣島縣產業獎勵館，由於鄰近爆心地點，爆炸壓力是以垂直方向灌頂而下，使牆面反而沒有全部倒塌，後來修復保存作為慘禍教訓，並由聯合國教科文組織列為世界遺產。

紀念公園中的原爆死難者慰靈碑，與原爆穹頂、紀念資料館位在同一軸線，碑文刻曰「請安息吧，戰爭錯誤不再重演！」2016 年，歐巴馬成為第一位訪問和平公園，並且在慰靈碑前獻花致哀的現任美國總統。2023 年 5 月，7 大工業國高峰會在廣島舉辦時，各國首腦參觀完資料館後，也首次齊聚碑前獻花致意，別具象徵意義。

↑原爆資料館是來廣島的必訪地點，參觀之前最好先要有點心理準備。

→和平公園內的原爆死難者慰靈碑，碑文刻著「請安息吧，戰爭錯誤不再重演！」。

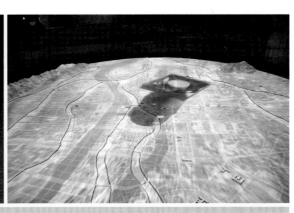

↑默默呈現的原子彈爆炸時刻,氣氛無比凝重。

↑資料館近年整修後新增的 3D 投影,
呈現原子彈投擲前後的對比光景。

從距離爆心地 6 公里處拍攝,冉冉升起的巨大蕈狀雲。

↑↑移設自住友銀行廣島支店的台階,原
爆當時坐在台階上的人瞬間死亡,周圍則
因高熱而白化,留下影子烙印在石階上。

↑由 3 位中學生犧牲者遺物拼湊而成的
服裝。

147

←原子彈爆炸後
7年在廣島蒐集
的遺骨。

↑廣島原子彈與長崎原子彈的對比模型。

→和平公園旁邊另有一座國立廣島原爆死難者追悼和平祈念館,收藏許多遺照
與體驗資料。此為位在地下的死難者追悼空間,十分莊嚴肅穆。

　　廣島和平紀念資料館又稱「原爆資料館」,主體建築分為本館與東館。參觀者由東館進入後,首先會看到遭原子彈攻擊前的廣島市歷史介紹,以及戰爭發展至此的背景。本館的主要展廳則陳展原子彈爆炸後對人員、物件的各種傷害,包括實物、照片在內,收藏展品數量龐大,可實際感受到核子武器的恐怖威力,非常震撼。展館後段則是科普介紹原子彈發展歷程,以及具有何種危險性,並藉由廣島作為和平都市的立場,訴求世界脫離核武。

　　根據調查,訪日外國人認為最該造訪的地點,廣島和平紀念公園一直都是名列前茅,尤其又以美國人對其評價最高。至於日本人,學生時代多半都會前來此地「修學旅行」,對於戰禍的恐怖印象因此深深烙印在心底。站在各種不同立場,看待歷史的角度不免會有歧異,但以全人類的共通視野來看,造訪這座首次遭到核武攻擊的城市,多少都能激發對於戰爭與和平的思考。

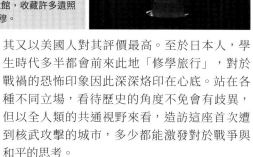

Web
日本觀光局
廣島和平紀念資料館
(中文)

長崎和平公園與原爆資料館

長崎原子彈攻擊與終戰

1945 年 8 月 6 日，美軍以原子彈毀滅廣島市後，隨即規劃下一場攻擊，第一目標為小倉市（現北九州市），第二目標則是長崎市。比照第一次任務模式，8 月 9 日同樣先派出天候觀測機，3 架投彈與觀測機隨後跟進。投彈機「博克車」（Bock's Car）在屋久島上空與其他任務機集合，往小倉方向飛去。進入轟炸航線時，卻見小倉上空覆蓋一層霧靄，使轟炸手無法目視確認目標，重飛 3 次仍未改善。鑑於燃油殘量有限，且日軍戰機已起飛攔截，任務指揮官決定轉往第二目標長崎市。

長崎上空原本天氣頗佳，但雲量徐增，待攻擊編隊飛抵時，已有厚雲覆蓋。投彈機因此開啟 AN/APQ-7 轟炸雷達輔助瞄準，並決定無論如何都要投下炸彈。就在此時，雲幕開了一道縫隙，轟炸手大喊看見目標城市，隨即接管飛機操控。上午 10 點 58 分，使用鈽 -239 作為核分裂物質，採「內爆式」構造的「胖子」（Fat Man）原子彈以手動方式投下，自由落體 4 分鐘後，於 11 點 2 分在長崎市中心北面 3 公里的浦上地區上空約 503 公尺處爆炸。相對於錄影失敗的廣島，長崎原子彈爆炸紀錄影片有完整保留，蕈狀雲冉冉升起直衝天際，雲幕底下則是另幅人間煉獄。

接連遭受兩次原子彈攻擊，日本當局終於撼動，加上蘇聯於 8 月 8 日趁隙對日宣戰，再打下去只會更慘。鈴木貫太郎首相在御前會議懇請昭和天皇親自下達「聖斷」，藉此力排眾議接受《波茨坦宣言》。8 月 15 日中午，天皇

↑矗立於原子彈爆炸中心地區的「被爆50周年紀念事業碑」母子像。

↑長崎的原爆資料館。

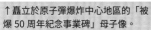

↖被高熱熔化黏在一起的玻璃瓶。

↑飯菜被炭化的便當盒。

←內部留有頭蓋骨的鋼盔。

↙與熔化的玻璃瓶結合在一起的手骨。

↑「胖子」原子彈的原尺寸剖面模型，依最新考證漆成黃色。

←因高熱扭曲變形的水塔鐵架。

Web 長崎原爆資料館
（可選擇中文）

宣讀《終戰詔書》的預錄唱盤透過收音機廣播進行「玉音放送」，日本無條件投降，第二次世界大戰結束。這段過程其實頗為曲折，根據半藤一利原著改編的電影《日本最長的一天》有詳盡描述。

和平公園與原爆資料館

長崎市位於九州西端，在江戶時代鎖國體制下，是幕府唯一准許開放的國際貿易港口（僅限對中國、荷蘭），因此有荷蘭商館與唐人街。除了充滿異國情調，天主教在長崎也十分盛行，是日本三個大主教區之一。位於市區北邊的浦上天主堂是當地信仰中心，緊鄰爆心地，原子彈爆炸時有眾多信徒為慶祝「聖母升天日」聚集教堂參加告解，因而死傷慘重。

在原子彈爆炸中心地點，設有一座和平公園，主要分成三個區域，包括「原爆落下中心地區」、「和平祈念像地區」，以及「長崎原爆資料館地區」。這些區域分別設有原爆落下中心碑、浦上天主堂遺跡、和平祈念像與各國提供的紀念雕塑。

原爆資料館比照廣島，同樣分成三個展示主題，首先介紹長崎市與戰爭的歷史，接著陳展實際遭到原子彈摧毀的物品，最後則講述各國核武發展，期望打造非核世界。較特別的是館內有展示一顆「胖子」原子彈的原尺寸模型，並以剖面結構呈現其運作原理。

長崎還能玩什麼？

前往長崎市，可由福岡機場入境，坐電車或巴士至長崎，和平公園與原爆資料館可搭乘路面電車到達。就觀光而言，長崎市本身也非常有特色，除了有號稱日本三大夜景之一的稻佐山夜景，還能搭船前往別名「軍艦島」的端島，觀看礦坑城鎮廢墟場景。另外，曾經建造戰艦「武藏」的三菱重工長崎造船所目前也仍持續進行海自護衛艦的修造工作，有機會看到在此進塢大修或正在新造的各型艦艇。登上鍋冠山公園觀景台，就能俯瞰整個造船廠區。

←軍艦島其實跟軍艦沒有太大關係，只是因為長得像軍艦而得此別稱。搭乘前往軍艦島的遊船回程途中會經過三菱重工的長崎造船廠，有機會近觀入塢大修的海自艦艇。

Web
軍艦島
登島巡遊
（可選擇中文）

←三菱重工是以造船起家的企業，長崎造船廠則是其始祖源流。登上對岸的制高點鍋冠山公園，便能仔細端詳正在船塢中修理、建造的艦艇。

Web
長崎旅遊網
鍋冠山公園
（中文）

軍事迷第一本遊日指南！
輕鬆訪日31個基地&博物館旅行攻略

作者簡介

張詠翔

1982 年生，新竹人，MDC 軍武狂人夢社團創始成員。旅居日本十餘年，除了日常工作之外，也專精軍事、模型領域日文書籍翻譯，是目前日本軍事書籍在臺灣的重要翻譯橋樑，譯有相關書籍七十餘冊，另也從事軍事主題採訪、撰稿工作。《軍事迷第一本遊日指南！輕鬆訪日 31 個基地 & 博物館旅行攻略》是首本一手包辦攝影、撰述、排版的個人著作。

作者：張詠翔
主編：區肇威（查理）
封面設計：倪旻鋒
地圖繪製：蔡懿亭
內頁排版：張詠翔

最新相關資訊請參照作者的「旅日軍宅老司機」臉書粉專

出版：燎原出版／遠足文化事業股份有限公司
發行：遠足文化事業股份有限公司（讀書共和國出版集團）
地址：新北市新店區民權路 108-2 號 9 樓
電話：02-22181417
信箱：sparkspub@gmail.com

法律顧問：華洋法律事務所／蘇文生律師
印刷：博客斯彩藝有限公司

出版：2024 年 1 月／初版二刷
　　　電子書 2023 年 10 月／初版
定價：480 元

ISBN 978-626-97625-4-5（平裝）
　　　978-626-97625-6-9（EPUB）
　　　978-626-97625-5-2（PDF）

國家圖書館出版品預行編目 (CIP) 資料

軍事迷第一本遊日指南! 輕鬆訪日31個 基地 & 博物館旅行攻略/ 張詠翔著 . -- 初版 . -- 新北市 : 遠足文化事業股份有限公司燎原出版 : 遠足文化事業股份有限公司發行, 2023.10

152面 ;17 X 23 公分

ISBN 978-626-97625-4-5(平裝)

1.CST: 軍事基地　　2.CST:軍事博物館
3.CST: 旅遊　　　　4.CST:日本

595.15　　　　　　　　　　　112015221